今日からモノ知りシリーズ
トコトンやさしい

香料の本

香料には、植物や動物の一部から抽出された天然香料と化学的に合成された合成香料があり、さまざまな組み合わせで創られます。その用途は、食品、化粧品、芳香剤など多岐にわたります。本書では、香りの種類、成分、抽出方法、設計など、香料の基本について解説します。

光田 恵 編著・一ノ瀬 昇・跡部昌彦・長谷博子 著

B&Tブックス
日刊工業新聞社

はじめに

生活の中で、様々な香りや香り製品が用いられています。室内で使用する香り製品の1つに芳香剤があります。芳香剤は、室内の悪臭の強さや不快感の軽減、空間の雰囲気づくりなどに使われます。悪臭を目立たなくするために芳香剤の香りを強くしすぎると、かえって不快になることがあるため、香りの強さ調整は、香り活用において重要です。

最近では、悪臭を1つの香り成分として捉え、その悪臭に、ほかの複数の香料を適度な強さで混ぜ合わせ、新しい香りを創るという考え方が芳香剤の香り創りにも用いられています。まさに香水の調香（複数の香料を混ぜて香りを創ること）に基づく考え方と言えるでしょう。

香水はいくつもの香料を混ぜ合わせて創られていますが、香水を構成する香料の1つ1つがすべて良い香りに感じられるというわけではありません。例えば、ジャスミンの花の香りには、単一で濃くなると、糞便臭と言われるインドールが少し含まれており、華やかで深みのあるジャスミンの香りを構成するのには欠かせない成分です。このように、ある1つの香料だけを嗅ぐと、嫌なにおいに感じられても、少量をほかの香料と混ぜ合わせることで、独特の良い香りに変化することがあるのです。

ところで、香りを創るための香料は、香水、洗剤、柔軟剤、芳香剤などに用いられるものというイメージが強いのではないでしょうか。これらの香料をフレグランス（香粧品香料）と言います。一方で、食品にもフレーバー（食品香料）と言われる香料が使われています。フレーバーは、飲料、菓子、歯磨き剤、インスタントやレトルト食品などに広く用いられています。

食のおいしさを感じる味覚は、舌表面などにある味蕾《みらい》で感じる感覚で、甘味、酸味、塩味、苦味、うま味が基本5味とされています。さらに近年の研究で、基本5味に加え、第6の基本味として脂味(あぶらみ)が注目されています。

しかし、これらの基本味だけではおいしさを説明できないことに気付かれるのではないでしょうか。口に入れた食べ物の香りが、口から鼻へ抜ける空気に乗って運ばれることで、嗅覚で感じるその香りが、味わいに大きく影響します。フレーバーの進化と適用技術の向上が、今日の食品のおいしさをより一層際立たせているのです。

生活に欠かせない衣食住のすべてに香りが関わっており、香りの有効活用は、生活を豊かに彩ることになるでしょう。本書では、香りと香りを構成する香料について、様々な角度からトコトンやさしく解説することを心がけ、全6章にまとめました。

第1章では、香りの歴史、香りの世界的な広がりと日本への伝来を取り上げました。香りは、火の発見とともに使われるようになったと言われています。草木を燃やす中で、煙とともに立ち上がる香りは神秘的なものに感じられたのでしょう。長年、宗教的儀式に用いられてきた香りは、魅惑的であり、様々な機能を持つため、人々に愛されながら生活の中へ広がっていったのです。第1章では、こうした香りの歴史と天然香料の使用から合成香料の誕生までを紹介しています。

第2章では、「香りの役割と分類」と題して、香りの機能を紹介し、天然香料(植物性香料、動物性香料)、合成香料、調合香料などの香料の分類と香料の抽出方法、製法について解説しています。

第3章では、「香り成分の特性」と題して、香料の物理的、化学的特性について解説し、香りの性質や濃さと人が感じるにおいの強弱、香りの質などへの影響について紹介しています。

第4章では、香水をはじめとする香り製品全般に使われるフレグランス、食品に付与されるフレーバーの創造（調香）について解説しています。また、フレグランスを中心として、香料の特性と安全性、香りの種類と分類、調香の時の調和の取り方などを紹介しています。有名な香水の誕生には、それぞれの時代背景が色濃く反映されています。その時代背景を考慮しながら香水のコンセプトと香りを辿りました。

第5章では、よりおいしくするために食品に付与するフレーバーに着目しました。フレーバーの目的と種類、食品の香りとして代表的なフレーバーなどについて解説しています。また、香辛料の役割や食品異臭（オフフレーバー）の原因についても取り上げています。

第6章では、日常生活で使われる化粧品の香り、デオドラント製品の香り、浴用剤の香り、洗剤・柔軟剤の香り、芳香剤の香りなどに着目し、使用される香料の特性、機能性、使用する時の注意点などを解説しています。

本書が、暮らしの中の香りへの理解を深める一助になりましたら幸いです。出版にあたり、日刊工業新聞社の皆様をはじめ、関係者の皆様に多大なるご尽力を賜りました。ここに改めて感謝申し上げます。

2023年8月

光田　恵
一ノ瀬　昇
跡部昌彦
長谷博子

目次 CONTENTS

第1章 香りの歴史と広がり

第2章 香料の役割と分類

第3章 香り成分の特性

第4章 新たな香りを創り出す

第5章 香りが創る食の世界

第6章 暮らしの中の香り

第1章

香りの歴史と広がり

1 香りのはじまり

薬や宗教的儀式に使用されてきた香り

嗅覚は五感の1つであり、生命の維持において重要な役割を果たしてきました。日が当たらない暗い時や夜間、木々が茂ったジャングルのようなところでは、視覚によって外界の情報を手に入れることができないため、食料を探したり、敵と仲間を見分けたりするのも嗅覚に頼ることになります。

人類の祖先は、500万年前から600万年前頃までに直立二足歩行をするようになったことがわかっています。それにより咽喉部が発達し、他の動物とは異なる声を手に入れたわけですが、同時に、食べ物のおいしさに大いに関係する風味（13項）を手に入れることができたのです。また、人類の祖先が、数百万年前から数十万年前に、火を使い始めたことで肉を焼き始め、これまでになかった加熱による香ばしい香りと出会いました。火の発見が香りの発見にもつながったわけです。

歴史上、香料が初めて登場するのは、紀元前3000年頃のメソポタミアです。香料は、薬や宗教的儀式などに使われてきた歴史があり、文明と深いつながりがあります。香りのことを英語で「perfume」と言いますが、ラテン語の「Per Fumum（煙を通して、煙によって）」が語源であることから、薫香《くんこう》として用いられていたことが推察されます。

レバノン杉で神へ薫香を捧げていたシュメール人は、悪臭を放つ物質に呪文をかけて病人に飲ませると、その悪臭に耐えかねて体内の悪魔が逃げ出し、病気が治ると信じていました。動物や腐った脂肪、焦げた羊の毛など異臭を放つものが使われたようです。また、没薬《もつやく》（ミルラ）、菖蒲根《しょうぶこん》（カラムス）、杜松《としょう》（ジュニパーベリー）、乳香《にゅうこう》（オリバナム）、白檀《びゃくだん》（サンダルウッド）、糸杉（サイプレス）、西洋杉（セダーウッド）など、現在でも使用される香料が記された粘土板が発見されています。この頃の遺跡から、花やスパイスを蒸留して香油を作っていたと思われる土器も発見されています。

要点BOX

- ●直立二足歩行によって風味を入手
- ●香料と文明の深いつながり

人類と香ばしい香りとの出会い

香料が記載された粘土板

メソポタミアとその周辺で見つかった粘土でできた板

用語解説

香油：香り成分を混ぜた油

2 香り文化発祥の地はエジプト

古代エジプトの香り

古代エジプトでは、香りは神への祈りに使われる神聖なものでした。メソポタミアのシュメールでは、薬や宗教的儀式などに使われたと考えられていますが、本格的に香料を使い始めた香り文化の発祥の地は、エジプトとされています。

神への捧げ物として、日の出には乳香（オリバナム）、正午には没薬（ミルラ）、日没にはキフィと1日に3回、香りが焚かれていました。「聖なる煙」という意味のキフィは、16種類ほどの植物性香料が調合されたもので、菖蒲根（カラムス）、香茅《こうぼう》（シトロネラ）、肉桂（カシア）、薄荷《はっか》、昼顔、杜松（ジュニパーベリー）、ヘンナ、松脂（テレビン油）、蜂蜜、没薬（ミルラ）、ワインなどが使用されていたようです。

紀元前１５５０年頃に書かれた最古のエジプトの医学書に、キフィの処方が記されており、香水の原型とも言える香りを創造していたと推測されています。植物や動物の油脂に香料を10％程度加えた香油も使用されていました。香油に用いられたのは、樹脂、バルサムですが、特に甘松香《かんしょうこう》がよく用いられていたようです。

ツタンカーメン王の墓から出土したアラバスター製の香壷の一部に、３０００年の時を超えて、チョコレート色をした香油とかすかな香りが残っていました。その成分は、イギリスの研究者の分析により、中性動物脂肪（90％）と樹脂、バルサム（10％）、香り成分は乳香（オリバナム）であると解明されています。

バラの香りをこよなく愛したと言われているクレオパトラは、バラ風呂に入り、バラの香油を身体に塗っていたと言われています。この頃には、東洋からも芳香が優れたバラや、麝香《じゃこう》（ムスク）、霊猫香《れいびょうこう》（シベット）などの動物性香料も取り寄せられていたようです（4項）。

また、抗菌性能に優れた没薬（ミルラ）などの香料は、ミイラの長期保存のための防腐剤としても用いられていました。一説には、ミイラはミルラが語源とも言われています。

要点BOX

- ●1日に3回焚かれたオリバナム、ミルラ、キフィ
- ●聖なる煙キフィは調合香料
- ●防腐剤の役割を持つミルラ

乳香(オリバナム)

- 精油は、樹木が分泌した樹脂を水蒸気蒸留法で抽出
- 樹液は、樹木が傷ついた時に分泌し、傷口を菌や虫から守り修復する
- 没薬(ミルラ)とともに、紀元前より薫香に使用
- スモーキーでスパイシーな香りに、ほのかに果物様の甘い香りと酸味を含んだ奥深い神秘的な香り
- 古代の王族や貴族の社会において黄金に値するものとして取引され、現代でも貴重な天然香料
- 樹脂は、乳白色〜黄色〜橙色の粒状の物質で、複数あり、産地により色や香りが異なる
- 透明感があり、硬度があるものほど良質とされる

没薬(ミルラ)

- 精油は、樹脂から水蒸気蒸留法で抽出
- 粘度が高く、固まりやすい性質
- 複数の種類があり、産地によって香りも異なる
- 精油の特徴は、濃厚で甘さがあり、スモーキーな香り

3 日常生活に欠かせない香り

古代ギリシャ・ローマの香り

ギリシャ神話には、香りに関係する伝説がいくつかあります。香料を初めて用いたのは神々であり、美のビーナスの下女イオーネの軽はずみな行動から人間が香料を知ってしまったと記されています。

紀元前1900年頃に築かれたギリシャ文明では、香料の知識、技術が著しく発展し、香りは日常生活に欠かせないものとなっていきました。バラやスミレの花の香りが特に好まれ、調合香料も使われ、身体の各部分で異なる香料を使用したり、風呂に香料を入れたりしていました。ワインに没薬を入れるなど、食べ物や飲み物にも香料を使ったとされ、フレグランス（香粧品香料）としての使用だけでなく、フレーバー（食品香料）としても用いられていたようです。

アリストテレスの弟子で植物学の祖と言われるテオフラストスは、香料に関する製造や調合、使用方法について記しています。「香料を調合するにあたって最も注意しなければならないことは香りの持続性であり、そのために基剤としてはオリーブ油が良いが、バラの香りを持続させるにはゴマ油が最良である」と記述しています。当時は、溶剤としてアルコールが使われていなかったため、保留剤としての効果があるオリーブ油などの油が溶剤として使用されていました。

古代ローマでは、ギリシャの文化の影響を強く受けており、香料の知識もギリシャから伝えられました。香料が一般に広く使用されるようになったのは、5世紀頃からです。それまでは、香料の使用は貴族の特権で、ローマ帝国の歴代皇帝は香料をこよなく愛し、1日3回、浴場に通い、香油を身体に塗らせていたと言われています。特にバラが好まれ、ローズウォーターが広く愛用されるようになりました。皇帝ネロもバラ好きとして有名です。ローマで主として用いられた香料の形態は各種の脂肪を基剤として、それに香料を溶かした香油で、固形のものと液状のものがあったようです。

要点BOX
- ●香りの調合方法も記した植物学者テオフラストス
- ●香りの持続性を重視した香油

生活の中での世界の香りの広がり（古代のヨーロッパ）

エジプトからギリシャ、ローマへ

ローマ

- ギリシャから香油が伝わる
- ローズウォーターが主役
- 公衆浴場にまでバラが使われる

ギリシャ

- 香油がエジプトから伝わる
- 香料の製造が発展
- バラやスミレなど花の香りが人気

エジプト

- 香り文化の発祥の地（本格的に香りを使用）
- 香油を身体に塗り、部屋や衣類に香りを焚く
- 王のミイラに白檀、肉桂、没薬などの香料を防腐剤として使用

メソポタミア

- 紀元前3000年頃に香料が歴史上、初めて登場
- 神への薫香としてレバノン杉を用いる

ヨーロッパの古文書にみられる蒸留装置（アランビック）

- 精油を生成するために用いられる水蒸気蒸留によって精油と芳香水が生成
- 芳香水は精油の副産物
- やがてローズウォーターなどが香りの主役へ

アランビック:2つの容器を管でつないだ蒸留装置

4 東洋の香りの源流はインド

インドでは古くから多くの香木（心地よい香りがある樹木）などが生育しており、世界的な香料の産地でした。高温多湿のため人々は汗のにおいを消すのに香《こう》を焚いたり、香粉《こうふん》（粉末状の香料）や香膏《こうこう》（練香水）を身体に塗ったりして、生活の中に香りが取り入れられていたようです。

後に、香りを身体に塗ることは、「身体を清める」「邪気を寄せ付けない」という意味で、仏教に取り入れられました。

古代インドでは、樹脂や香木が薫香として宗教的儀式にも広く用いられ、沈香《じんこう》、白檀《びゃくだん》、香辛料などを焚いて死者を来世に送る習慣がありました。

薫香として主に用いられていたのは安息香《あんそくこう》ですが、白檀、肉桂、パチュリ、甘松香（オミナエシ科の多年草）なども用いられていました。

また、バラモン教の聖典（紀元前5世紀以前）には、王族貴族が香膏を身体に塗り、芳しい香煙を楽しんでいたことが記されています。

動物性香料の麝香も、紀元前数世紀の頃にはヒンズー教一族が使用していたと伝えられています。ヒンズー教では寺院を建てる時、聖なる所には白檀を用い、礼拝の時には白檀やサフランが供えられたと言われています。

カシミールではバラが植えられ、原住民は古くからそのバラ油を採っていたと言われています。現在、貴重な精油として使用されているジャスミンもヒンズー教徒は「小さな森の月光」と呼んで愛好していたようです。

また、ユナニ医学、中国医学と並んで世界三大伝統医学の1つで、５０００年の歴史をもつと言われるアーユルヴェーダはインド・スリランカの発祥です。アーユルヴェーダでは精油やハーブ、スパイスなどが薬や健康増進につながるものとして使われてきました。

要点BOX
- ●インドは世界的な香料の産地
- ●宗教的儀式に樹脂や香木を使用

東洋での香りの広がり

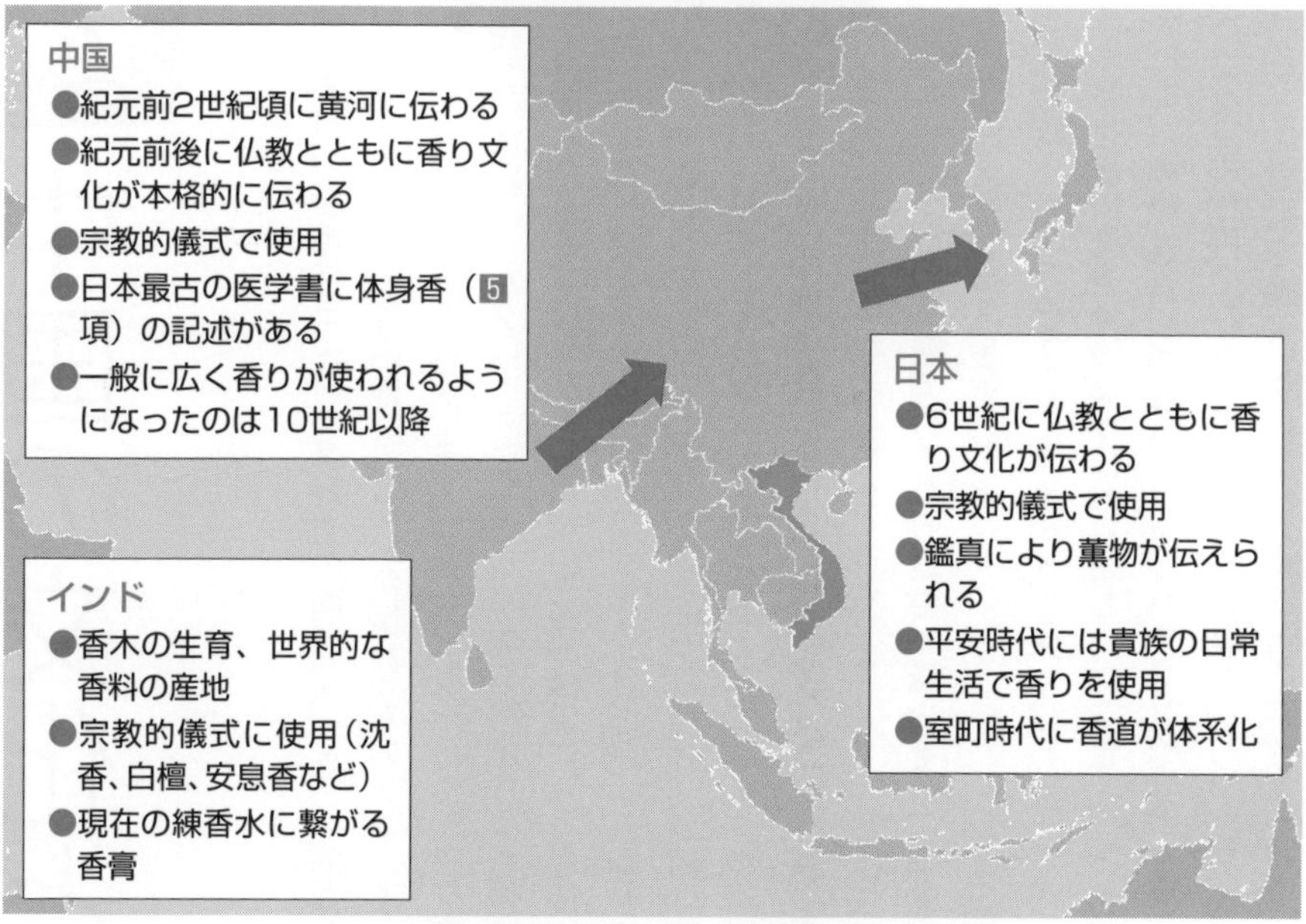
中国
●紀元前2世紀頃に黄河に伝わる
●紀元前後に仏教とともに香り文化が本格的に伝わる
●宗教的儀式で使用
●日本最古の医学書に体身香（5項）の記述がある
●一般に広く香りが使われるようになったのは10世紀以降
インド
●香木の生育、世界的な香料の産地
●宗教的儀式に使用（沈香、白檀、安息香など）
●現在の練香水に繋がる香膏
日本
●6世紀に仏教とともに香り文化が伝わる
●宗教的儀式で使用
●鑑真により薫物が伝えられる
●平安時代には貴族の日常生活で香りを使用
●室町時代に香道が体系化

古代インドで使用されていた主な香料

植物性香料	沈香	●ジンチョウゲ科の常緑高木 ●原木には香りがなく、傷ついた樹木から染み出した樹脂の成分がバクテリアの分解などによって変化することで香りを放つようになる ●辛さと酸味、甘さ、苦味などが複雑に絡み合った重厚感のある優雅な香り ●沈香の中で最上級とされるものが伽羅
	白檀（サンダルウッド）	●ビャクダン科の常緑高木でインドやインドネシアなどに自生 ●原木自体が強い芳香を放つ ●爽やかな木の香りに麝香のような甘さが加わった香り
	安息香（ベンゾイン）	●エゴノキ科の安息香樹の樹脂
	肉桂（カシア）	●シナモンと同じクスノキ科の常緑樹 ●カシアもスパイスの一つで、シナモンよりも香りが強い
	パチュリ	●シソ科の多年草 ●土や木を想起させる香り ●墨汁などのにおいにも例えられる
動物性香料	麝香（ムスク）	●雄のジャコウジカの分泌物 ●甘く粉っぽい香り
	霊猫香（シベット）	●ジャコウネコの分泌物 ●強烈な糞便臭を放つ ●香水に加えると、深みのある柔らかさを感じさせる

5 中国の文化と香り

楊貴妃も愛用した香り

中国の香料の産地は主に亜熱帯地方の南部で、文化の中心である北部の黄河地区に香料が伝わったのは紀元前2世紀頃と言われています。

紀元前2世紀にシルクロードが開通し、香辛料が中国でも使われるようになりました。紀元前後には仏教とともに香り文化が本格的に中国に伝えられ、シルクロードや海のシルクロードから、インドからだけではなくペルシャからも香料が持ち込まれるようになりました。しかし、中国では、インドのように人々が広く香りを生活の中に取り入れることはありませんでした。香りは、仏教の寺院で行われる重要な儀式を彩るものとして発展していきました。

3世紀以降、ベトナムやマレー半島の沈香木《じんこうぼく》が伝わり、5～6世紀に乳香や没薬が伝わりました。7世紀以降には、動物性香料の龍涎香《りゅうぜんこう》（アンバーグリス、マッコウクジラの体内でつくられた結石）や乳香（オリバナム）などの樹脂を輸入していましたが、主に宗教的な意味合いで用いられるものでした。

インドやヨーロッパでは、香りは、生活を彩る装飾品、アクセサリーのような役割もあり、フレーバーとしても使用されていましたが、この頃の中国ではそのような使い方はされず、麝香、白檀、パチュリ、種々の樹脂が好まれ、線香や薫香に用いられていました。香料は高価なもので、上流社会の一部で化粧品のように使用される以外の用途はなく、一般には、香りを楽しむという文化は、なかなか定着しなかったようです。

上流社会での使用例としては、7世紀頃の中国の医学書を引用している日本に現存する最古の医学書である「医心方」に書かれています。「医心方」には香料を摂取して、身体の中から体臭を変えてしまうという香料の使用法（体身香）の記述があり、世界三大美女の一人と言われる楊貴妃もこれを飲んでいたようです。また、楊貴妃は、ムスク系の香料を全身に塗っていたとも言われています。

要点BOX

- ●中国では香りは薫香として使用
- ●ヨーロッパとは異なった香りの好み

体身香

塗香(ずこう:現在では、祈りを捧げる時にお清めのために手に擦り込んで使用されたり、香水の代わりに日常で使われる)が、身だしなみとして身体に塗布して使用されていたのに対して、体身香は、香りの原料を粉末にして練って丸薬を作り、服用することで体臭を変えてしまうというもの。

日本にも伝わり、奈良時代の貴族、僧侶も利用していたとされる。

塗香

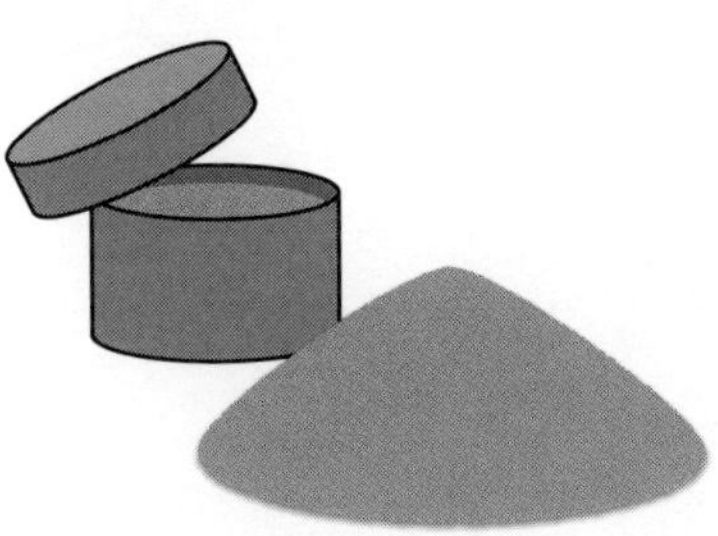

体身香

体身香の主な香料

丁子《ちょうじ》(クローブ)

●フトモモ科の常緑高木
●つぼみを乾燥させたもの
●強いスパイシーな甘さのある香り

乳香(オリバナム)

●カンラン科の樹木から分泌される樹脂
●スパイシーで、ほんのりと甘く奥深い香り
●柑橘系の爽やかな香りも少し感じられる

零陵香《れいりょうこう》

●サクラソウ科の草を乾燥させたもの
●苦味のある独特な強い香り

青木香《せいもっこう》

●ウマノスズクサの根
●別名、馬齢草

甘松香

●オミナエシ科の多年草
●根茎を乾燥したものに芳香がある
●深みを与える特徴のある香り

「医心方」に書かれている「芳気法(身体にかぐわしい芳香をつける方法)」

香料を10種類程度、混ぜ合わせて細かく砕いて粉末にして、絹の篩にかけてふるい、微粉末に蜜を混ぜて杵でついて丸薬をつくる。

ナツメ大の丸薬を口中に含み、よく噛んで唾液とともに呑み込む。

毎日丸薬12錠を続けて服用する。

3日目には、口の中から芳しい香りがしてくる
5日目には、身体から香りが発せられる
10日目には、着用している衣服にも香りが移る
20日目には、すれ違う人も気が付くほど香りが漂う
25日目には、手や顔を洗った水まで香りが移る
1ヵ月目には、抱いた子供にも香りが移る

この間、ニラ、ニンニク、コショウ、からしのような刺激物を控えなければ、効果があがらない。

あわせてあらゆる病気を治す妙薬である。

6 日本の香り文化の歴史

仏教とともに伝えられた香り

香り文化は仏教とともに大陸から日本へ伝えられたと考えられていますが、香りに関する記述はそれより後の日本書紀に見られます。595年に沈水香木（沈香）が淡路島に流れ着き、島人が薪とともに燃やしたところ、良い香りが立ち込め、不思議な木として朝廷に献上したと記されています。香りは主に仏前を浄め、邪気を払う宗教的な意味合いが強いものとして用いられていました。日本には、香木と言えばヒノキ、クスノキ、クロモジなどしかなく、香料となるものがほとんどなかったため、当時の香料はすべて輸入品であり、香料は高価なものでした。そのため他国と同様に、一般に使われることはありませんでした。

奈良時代に鑑真により薫物《たきもの》が伝えられると、日本人は初めて複雑な香りを知ることとなったのです。薫物は、沈香、白檀、丁子《ちょうじ》、竜脳《りゅうのう》、麝香、貝香《かいこう》などの漢薬香料を粉末にして、梅肉や蜂蜜などを加え練り合わせ、湿度を保ちながら熟成させて創られたものでした。平安時代になると、宗教的儀式だけでなく、貴族たちが日常生活の中でも香りを楽しむようになりました。枕草子や源氏物語にも「香」の記述が多く見られます。それぞれが香りを調合し、部屋に焚き込めたり（空薫《そらだき》）、伏籠《ふせご》などを用いて衣に焚き込め（薫衣香《くのえこう》）、香りを身にまといながら生活を楽しんだようです。

室町時代には、貴族の楽しみが武士の嗜《たしな》みとして、茶道、華道とともに香道が体系化されました。織田信長も香りに惹かれた一人です。天下の名香とされる香木に「蘭奢待《らんじゃたい》」があります。近年の調査から、同じ箇所からの切り取りを含めると50回以上は切り取られたと考えられており、織田信長が切り取った跡も実際に記されています。江戸時代には、町人にも香り文化が広がり、香りを楽しむための香道具がつくられるようになりました。宗教的儀式での使用に始まり、徐々に日本独自の香り文化を築いてきたのです。

要点BOX
- ●鑑真によって伝えられた薫物
- ●平安時代に貴族は香りを楽しみ始めた
- ●室町時代に体系化された香道

伏籠(ふせご)

●伏せておいてその上に衣服をかける籠のことで、竹または金属でできている
●中に香炉を置いて衣に香りを移したり、火鉢などを入れて服を乾かしたり暖めたりするのに用いる

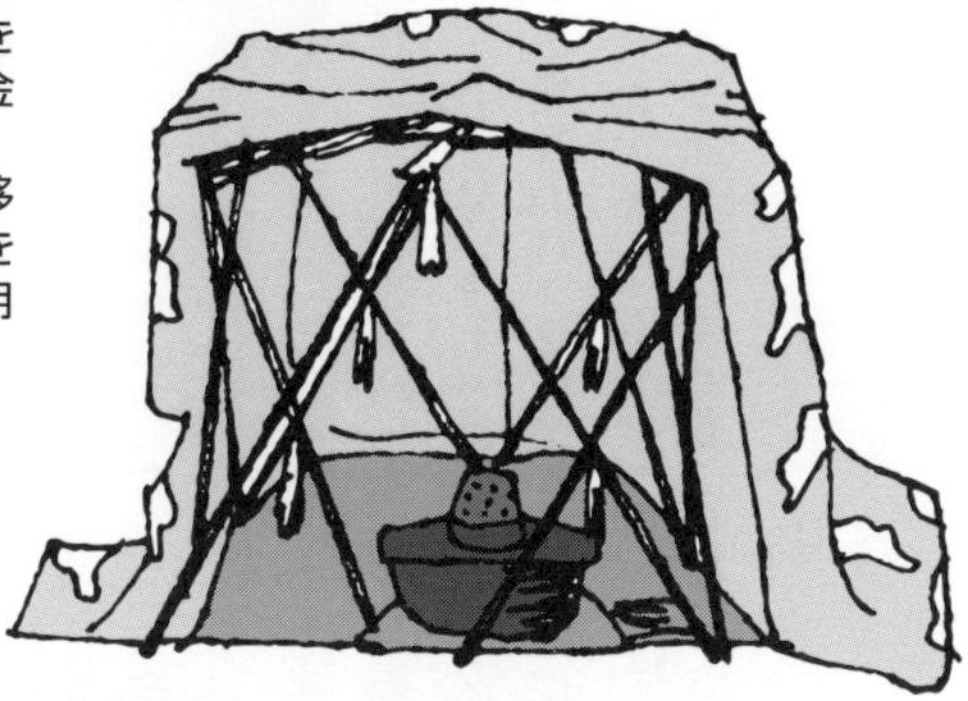

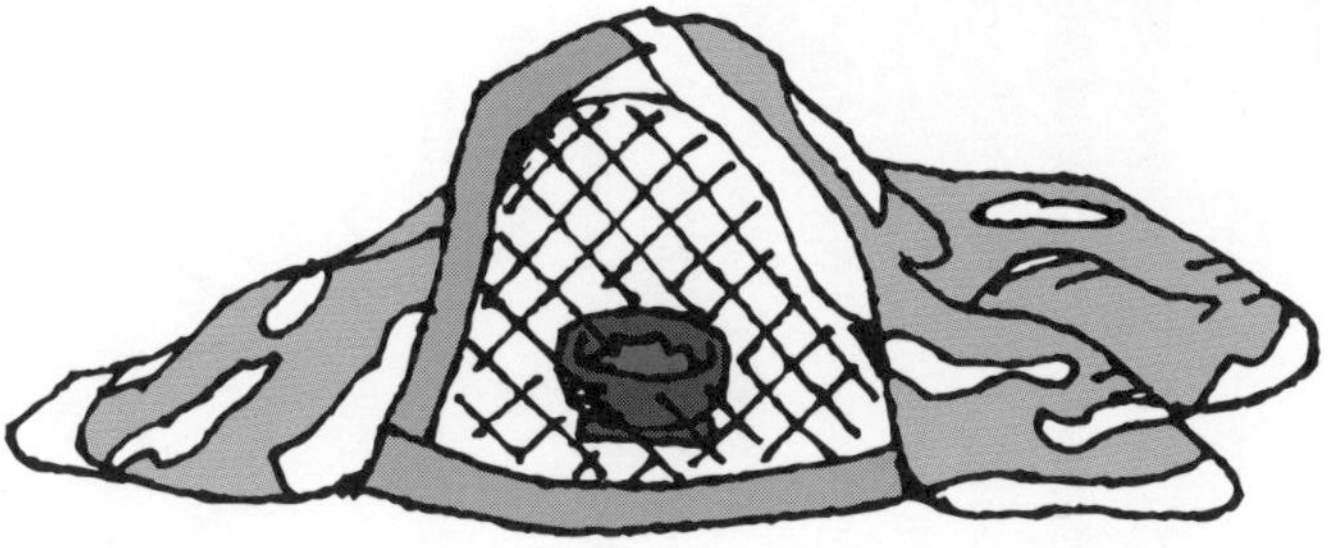

蘭奢待(香木)と切り取った跡の例

正倉院宝物
全長156cm、径43cm、重量11.6Kg

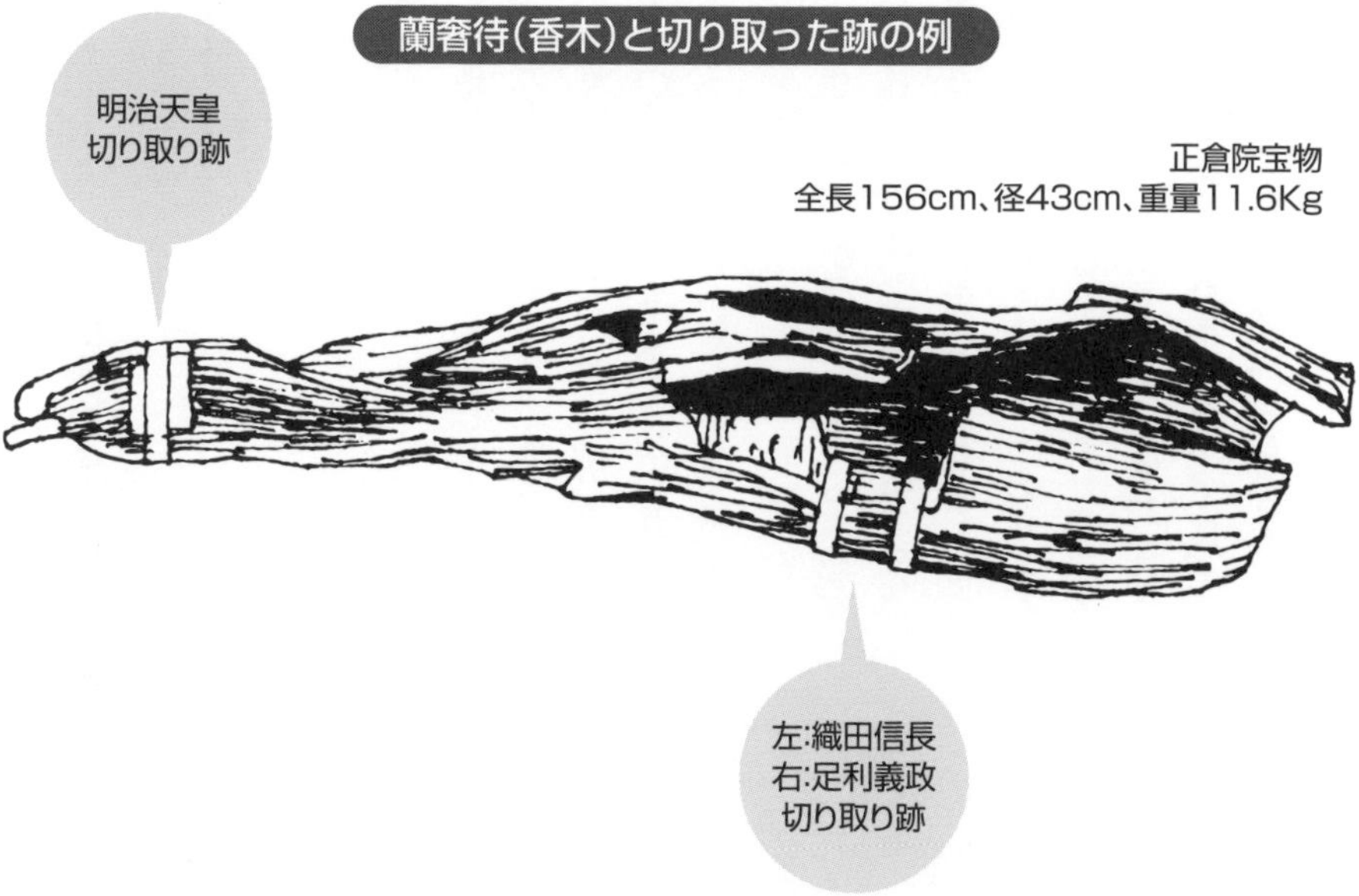

7 香辛料はステータスシンボル

香辛料を求めて遠征

香辛料にはウコン、コショウ、トウガラシ、ナツメグ、バジルなどがあり、料理に香りや味、色を付け、食材の独特なにおいを消してくれる役割があります。香辛料を使用することでおいしくなり、食欲を増進させるほか、料理の保存性を高め、消化促進、健胃などといった健康機能の向上などにも役立ちます。

香辛料は紀元前3000年頃にインドで使われており、紀元1世紀頃にシルクロードを経てヨーロッパに伝えられました。香辛料は高価で貴重でしたが、中世ヨーロッパでは、それを使った料理が王族貴族の会食などで振舞われ、多くの香辛料を使用できることが王族貴族のステータスシンボルでした。そのため香辛料は王族貴族への献上品にもなっていました。それが徐々に庶民にも広がっていったのです。

15世紀から、ヨーロッパの人々はアフリカやアジアなどに航海する大航海時代に入ります。香辛料の産地は熱帯や亜熱帯地域であり、航海の最初の目的は香辛料を求めることでした。

有名なコロンブスも香辛料を求め、スペインから西回りで、アジアを目指しましたが、到達したのはアジアではなく、アメリカ大陸で、ヨーロッパでは未知だったアメリカ大陸の発見となりました。アメリカ大陸は香辛料に乏しかったのですが、中南米で食べられていたトウガラシや中米のバニラなどの新しい香辛料がヨーロッパに伝えられました。

日本では、712年の日本最古の歴史書「古事記」に香辛料の記載があり、その後、中国や東南アジア、ヨーロッパとの交流から、様々な香辛料が伝わりました。しかし、日本の料理は素材の味を活かすものが多いため、香辛料を多用することはなく、ワサビやショウガのように、料理にアクセントをつける薬味的な使われ方になっています。近年まで日本人にとっては「香辛料は辛味をつけるもの」というイメージが強くあったのもそのためです。

要点BOX
- ●料理に香りや味、色を付ける香辛料
- ●香辛料を求めてアジアに航海
- ●日本では辛みをつけるイメージが強い香辛料

香辛料の貿易(スパイスルート)

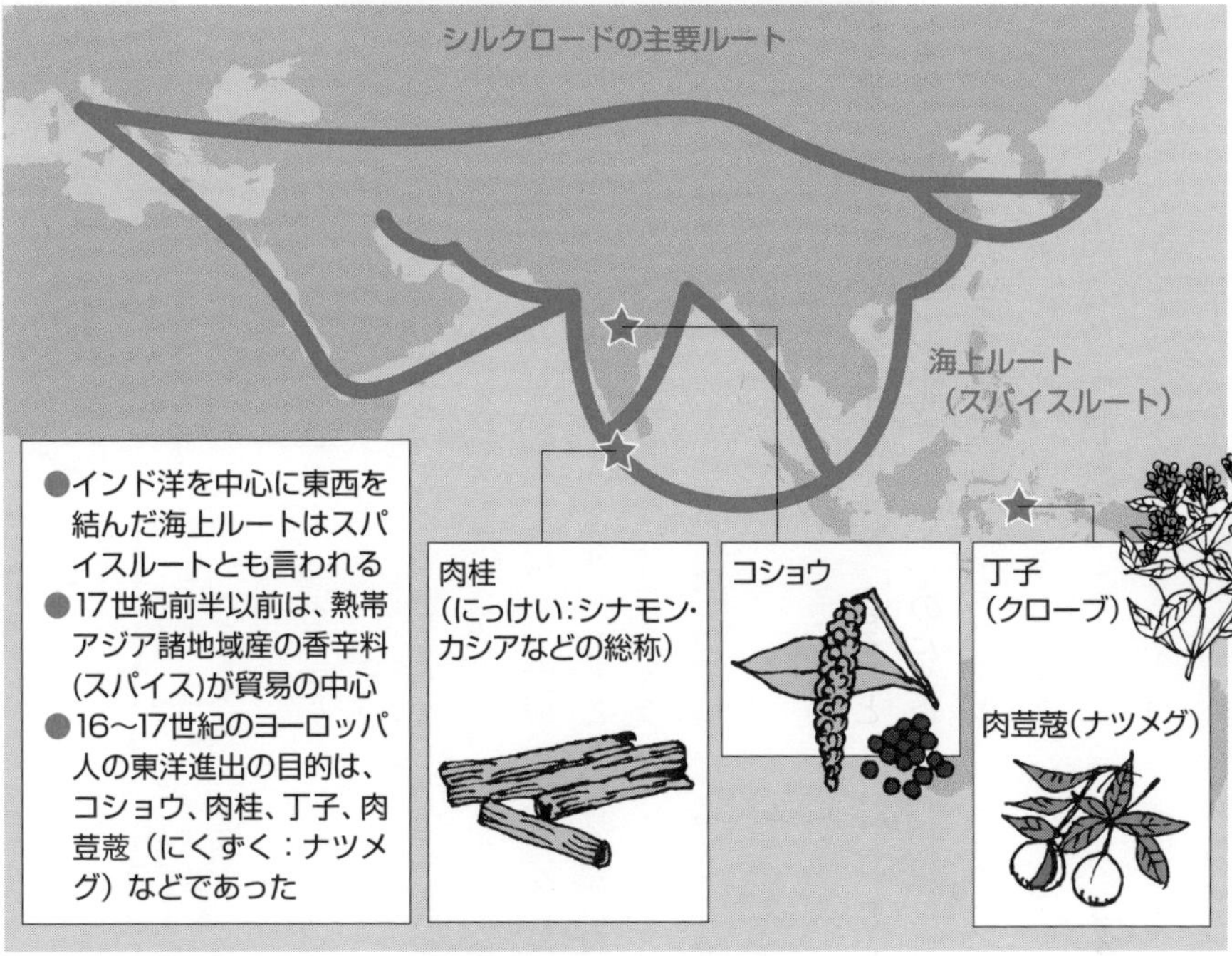
シルクロードの主要ルート
海上ルート
(スパイスルート)
●インド洋を中心に東西を結んだ海上ルートはスパイスルートとも言われる
●17世紀前半以前は、熱帯アジア諸地域産の香辛料(スパイス)が貿易の中心
●16～17世紀のヨーロッパ人の東洋進出の目的は、コショウ、肉桂、丁子、肉荳蔲（にくずく：ナツメグ）などであった
肉桂
(にっけい：シナモン・カシアなどの総称)
コショウ
丁子
(クローブ)
肉荳蔲(ナツメグ)

香辛料の機能の分類

機能			香辛料名
おいしさを高める	香りを付ける		アニス、オレガノ、オールスパイス、シナモン、ニンニク、バジル、パセリ、ミント　など
	嫌なくさみを消す		キャラウェイ、クローブ、コリアンダー、ショウガ、セージ、タイム、ローズマリー　など
	味を付ける	甘味	シナモン、ナツメグ、バニラ　など
		酸味	柑橘類、スイバ、タマリンド　など
		苦味	タラゴン、チコリ、フェヌグリーク　など
		辛味	コショウ、サンショウ、ショウガ、トウガラシ、マスタード(カラシ)、ワサビ　など
	色を付ける	黄色	サフラン、ターメリック(ウコン)　など
		赤色	パプリカ　など
保存性を高める			オレガノ、オールスパイス、クローブ、シナモン、ショウガ、タイム、ニンニク、マスタード(カラシ)、ワサビ　など

8 ケルンはオーデコロン発祥の地

現代にも引き継がれる「ケルンの水」

香り好きな人は様々な香りを試して、自分のお気に入りの香りを探すのも楽しみの1つではないでしょうか。今では香りの種類も豊富で、毎年、数多くの香水やコロンなどの香り製品が発売されています。

香水の起源を遡ると、10世紀頃に蒸留器の発明とともにローズ水が作られ、アルコールが発見されたことにたどり着きます。14世紀には、ローズマリーやラベンダーなどにアルコールが加わったオーデコロンの原型のようなものが使われていたようです。

最も有名なのは、イタリア人のジョヴァンニ・パオロ・フェミニスが「アクア・ミラビリス＝驚異の水」と呼ばれる薬草を用いて創られた香りを、1709年にドイツのケルンで売り出し大ヒットさせたことです。その後、甥のジョヴァンニ・マリア・ファリーナが1732年に家業を継ぎ、商品名をフランス風の「Jean-Marie Farinà Eau de Cologne」に変えました。オーデコロン(Eau de Cologne)は、フランス語で「ケルンの水」という意味で、ルイ15世の側室やナポレオンにも愛用されたとも言われています。

「ケルンの水」は類似品も多数創られ、それらから派生した香りが引き継がれているものもあります。その経緯は諸説ありますが、元祖コロンの調合法は1862年にロジェ&ガレに引き継がれ、現在でもジャンマリファリナ パフューム オーデコロンが売られています。

一方で、ドイツのケルンで香水づくりの伝統を引き継いだのがウィルヘルム・ミューレンスで、1792年にコロンを売り出しました。その住所がグロッケンガッセの4711番地であったことから、このコロンは後に「4711」という名称になり現在でも販売されています。

「ケルンの水」の主要な香料としてはベルガモット、グレープフルーツ、レモン、オレンジなどの柑橘や、ネロリ、ローズマリー、ラベンダーなどの精油が用いられています。その製造は、伝統である独自の天然原料や製法に基づいており、現代にも引き継がれています。

要点BOX

- ●フランス語で「ケルンの水」という意味のオーデコロン
- ●ルイ15世の側室やナポレオンも愛用

元祖、オーデコロン（驚異の水）

ケルンの水の処方例

ベルガモット	10滴
オレンジスイート	3滴
レモン	3滴
ラベンダー	2滴
ローズマリー	1滴
ネロリ	1～2滴

※無水エタノール10mLに上記の精油を加える

（注）本表は処方例を示したものであり、実際に再現して用いる場合には安全性の観点からエタノール濃度などに注意が必要

4711

ケルン、4711番地

9 アロマテラピーの歴史

アロマテラピーという言葉は、フランス人化学者のルネ・モーリス・ガットフォセ（1881－1950）が実験中、手を火傷した時にラベンダー精油を塗ったところ、驚くほどの早さで治ったことから名付けられました。1937年には「芳香療法」に芳香植物の特性などを紹介しています。また、第二次世界大戦中に、フランスの軍医であるジャン・バルネは、ラベンダーやティートリーを治療に使用し、軍役を離れた後に1964年に「植物＝芳香療法」を執筆しています。

一方、マルグリット・モーリーは、アロマセラピストとして、1960年代にアロマテラピーをイギリスに紹介しています。治療というよりも精油を植物油で薄めてマッサージするといったもので、女性に美容やリラクゼーションとして受け入れられました。その後、ロバート・ティスランドは、アロマテラピースクールや協会を開設・設立させ、アロマテラピーを普及させました。1977年には、アロマテラピーを体系的な学問として「芳香療法の理論と実践」にまとめています。日本では、1985年に翻訳版が出版されています。

日本では、1980年代に鳥居鎮夫氏が香りの心理効果を調べるために随伴性陰性変動（CNV）を用いて、ラベンダーやジャスミンの香りの鎮静・興奮作用を実証しました。1990年代になると、アロマテラピーの普及のために複数の協会が設立されました。

フランスでは医療として扱われますが、日本では、アロマテラピーに使われる精油は雑貨として取り扱われ、入手が容易で健康の維持や管理に役立てるものとされています。そのため、アロマテラピーは、手軽に実践することが可能です。

しかし、精油は手軽に使用できるからこそ、注意事項を守ることが大切です。柑橘系の精油は、比較的、誰にでも好まれる香りで、芳香浴には向いていますが、精油を肌に使用する時には、光毒性への注意が必要な場合があります。

要点BOX

●アロマテラピーはフランスでは医療
●日本やイギリスでは美容やリラクゼーション

アロマテラピー

日本で普及しているのは、フランス式よりもイギリス式の方が多い

フランス式	イギリス式
●医療であり、処方箋によって精油を投薬 ●精油の使用方法は、飲む、身体に塗る、芳香浴など ●精油の濃度は比較的高濃度 ●各精油の持つ薬理成分を理解する必要がある	●癒し、リラックスや美容目的で利用 ●精油の使用方法は、芳香浴、入浴、トリートメントなど ●精油の濃度は比較的低濃度（トリートメントには約1%に薄めて使用） ●精油は雑貨として取り扱われる

芳香浴

精油の香りを空気中に拡散させて、その香りを嗅ぐことをいう。

光毒性

柑橘系の精油に含まれる光感作物質（光が当たると化学変化を起こし、アレルギー反応を引き起こすようになる物質）を肌に付けた状態で日光（紫外線）に当たると、色素沈着（シミ）や炎症などが起こることをいう。

フロクマリン類の中でもベルガプテンの量が大きく影響していると言われており、柑橘系の精油の中で、ベルガプテンが最も多く含まれている精油はベルガモット精油との報告がある。

10 香りと生活との関わりの転機

近代香料産業の興隆

人類文明と香りには古くから深い関わりがあり、香りは宗教的儀式や医薬、権威の象徴などにも利用されてきました。また、オーデコロンの原型でもある「ケルンの水」は、香りを楽しむだけではなく、薬草のローズマリー、ラベンダーも使われているため、何にでも効く万能水として販売されたと言われています。そのため、人々の中で天然植物への興味関心がますます高まっていきました。

当初は植物の各種部位を粉砕する程度で、あまり手を加えず使用されていましたが、用途が拡大するにつれて、植物に圧縮、抽出、蒸留などの操作を加えて香り成分である精油(天然香料)を分離、単離し、必要な部分だけを濃縮した状態で使われるようになりました。しかし、これら天然香料は、収穫の時期や気候の影響などで生産量や品質が安定しないことや、天産品であることから量が限られるため高価なものも多く、一般大衆にとっては高嶺の花でした。そのため、天然香料だけで大量消費を目指した商品開発を行うには、限界がありました。

19世紀になり、化学的分析技術の進歩により天然香料中の成分解析が進み、有機合成化学の発展による合成香料が出現しました。それまで香水やオーデコロンなどの香り製品の使用は上流階級に限られていたのが、一般でも広く使用できるようになりました。

1851年にロンドンで開催された「科学と発明と産業の統一」をテーマとした第一回万国博覧会では、酸とアルコールの反応により合成されたエステル化合物で構成された人口フレーバー(食品香料)が展示されました。1867年のパリ万国博覧会では、合成香料を用いた石鹸や香水などが展示されるなど、香料と生活との関わりに一大転機が訪れました。

現在、日常生活の中には、多くのフレグランスとフレーバーがあり、私たちの豊かな生活を支えるために欠かすことのできない役割を担っています。

要点BOX

- ●日常的な香りの楽しみをもたらした化学的分析技術の進歩
- ●有機合成化学の発展は香りの広がりに寄与

有機合成化学の発展と合成香料の歴史

年号	合成香料	原料
1825	クマリン発見	
1834	シンナミックアルデヒド単離	シナモンバークオイル
1840	ボルネオール単離	パインオイル
1840	カンファー合成	ボルネオール
1842	アネトール単離	アニスオイル
1844	メチルサリシレート合成	
1852	バニリン発見	バニラ
1861	フェニルアセタアルデヒド合成	
1862	マルトール単離	カラマツ
1863	ベンズアルデヒド合成	
1868	クマリン合成	
1869	ヘリオトロピン合成	
1872	シトロネラール合成	
1874	バニリンの構造決定・合成	
1876	バニリン合成	グアイアコール
1876	アニスアルデヒド合成	アネトール
1878	ヘリオトロピン工業生産開始	

（注）1825年～1878年を示す。

合成香料の出現

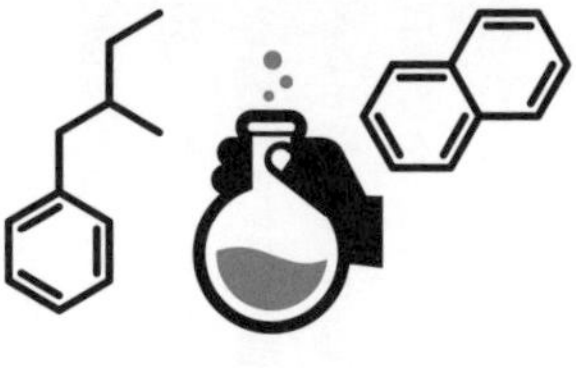

有機合成化学の発展による合成香料が出現

合成香料の出現により、安定的に広く香料を利用できるようになった。

フレグランス（化粧品・トイレタリー）

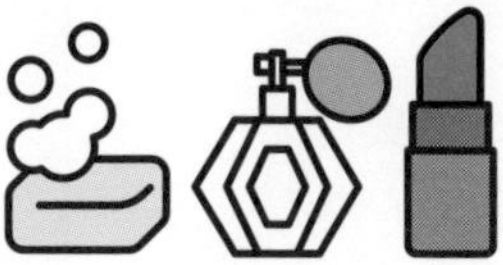

フレーバー（食品）

11 松や石油からバラやレモンの香りを創る!?

合成化学の進歩

香料産業の一大転機となった合成香料の出現は、1840年にカンファーが合成されたことに始まったと言われています。1825年には桜餅の葉の香りがするクマリンが発見され、1874年には代表的な食品香料の素材であるバニリン（バニラの香りの主要成分）の構造が決定されました（10項）。解明された香り成分の合成法も相次いで開発され、これら天然の香り成分を化学的に合成した合成香料が19世紀半ばから製造されるようになり、著しく合成化学が進歩しました。

発見された新規化学反応の中で、発見者の名前の入った反応（Name Reaction）だけでも、カニッツァロ（Cannizzaro）反応、フリーデル・クラフツ（Friedel-Crafts）反応など、香料合成において重要な反応が続々と発見され、精油から見つかった香り成分の合成に応用されました。

香料の需要拡大に伴い、主要な合成香料は供給力のアップ、価格の低減化が課題となりました。特に香料の中で最も重要なテルペン化合物の安価な製造法は、1950年代からグリデン社やIFF社（International Flavors & Fragrances）などにより開発されました。大量に供給可能なマツ科樹木のチップを水蒸気蒸留して得られるテレピン油や、パルプ製造時に多量に得られる硫酸テレピン油（いずれもモノテルペン炭化水素であるα-およびβ-ピネンが主成分）から分離されるβ-ピネンを熱分解してミルセンを製造します。これを原料としてバラの香りがするゲラニオールなどの多くのテルペン化合物を製造する方法です。

一方、1950年代からの石油化学やアセチレン化学の進歩により、イソプレン、イソブテン、シクロペンタジエンなどが多量に供給されるようになり、これらを原料として主要な合成香料が製造されるようになりました。例えば、イソブテンとホルマリンから3-メチル-3-ブテノールを経由して、レモンの香りがするシトラールを製造するプロセスなどが確立されました。

要点BOX
- ●カンファーの合成が香料産業の一大転機
- ●新規化学反応が合成香料の製造に寄与

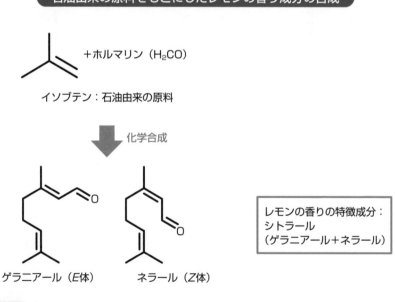

木材の成分を原料としたバラなどの花の香り成分の合成

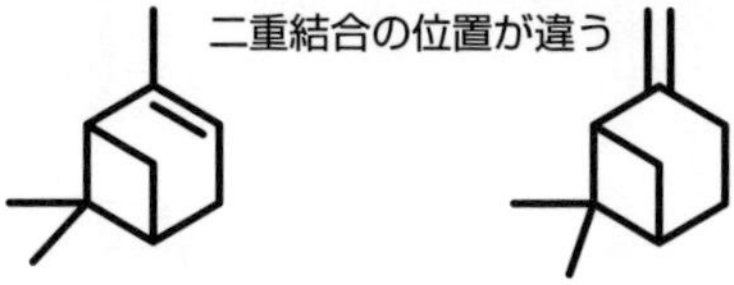

α-ピネン　β-ピネン

松などの木材に含まれる
テレピン油の成分

化学合成

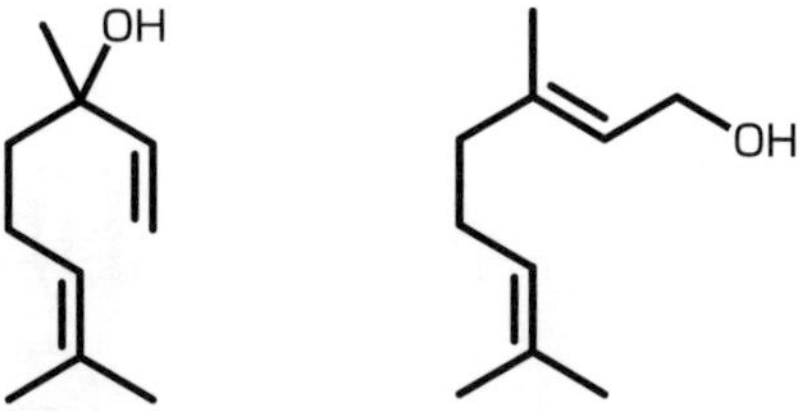

リナロール　ゲラニオール

バラなどの
花の香り成分

石油由来の原料をもとにしたレモンの香り成分の合成

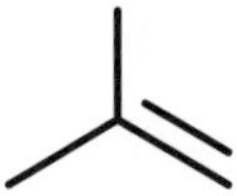

＋ホルマリン（H_2CO）

イソブテン：石油由来の原料

化学合成

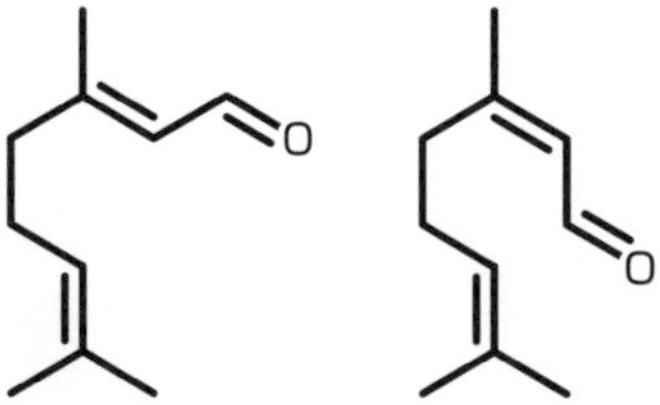

ゲラニアール（*E*体）　ネラール（*Z*体）

レモンの香りの特徴成分：
シトラール
（ゲラニアール＋ネラール）

用語解説

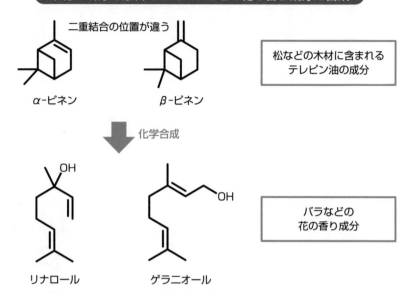

テルペン化合物：植物精油に含まれる成分として知られており、化学構造はイソプレンC5H8を単位とした化合物

12 精油や香水の骨格が明らかに

ガスクロマトグラフィーの出現

「におう」という現象は、におい物質が揮発して空気中に漂い、それを人の嗅覚が受容して起こります。したがって、人の嗅覚で捉えられるにおい物質の成分分析をする場合にも、気相のにおいの状態のまま、あるいはにおい物質を濃縮して、分析機器で計測するのが最も相応しい方法と言えます。

このようなにおい物質の分析には、一般的にガスクロマトグラフィー（GC）が用いられます。GCに関する論文は、1952年にマーティン（Martin）らにより発表されています[1)]。GCの出現は合成香料と同様に、一大センセーショナルな出来事でした。

それまでは、精油や香水の成分を分析するには、蒸留法やカラムクロマトグラフィー、薄層クロマトグラフィーを用いて単離する操作が一般的で、分離できる成分数は限られており、膨大な努力の割りには得られる結果は乏しいものでした。当時は主に調香師の鼻に頼り、香りの成分分析は補助的に行われていました。GCの出現により、多成分を分析できるようになり、精油や香水などの構成成分をある程度、知ることができるようになりました。

現在では、質量分析（MS）と連動したGC-MSを用いると、調合香料の90％以上の成分を解明することも可能です。調香師の創作処方の秘密を守ることができるブラックボックスは、わずか数％で、極論すれば、素人でもGC分析組成に基づけば、ある程度その作品に似た香りを再現することができます。しかし、全て分析できるわけではなく、香水の香りはミステリアスで、香水が芸術作品と呼ばれる所以です。

個性的な作品の創香においては、特許で保護されている香料や極微量で効果を発揮する香料（スペシャリティ）の重要性が益々クローズアップされる時代になりました。これらスペシャリティの登場は、新香調のフレグランスを誕生させる原動力となっています。

要点BOX
- ガスクロマトグラフィーで多成分を分析
- 精油や香水の構成成分を解明
- スペシャリティの重要性がクローズアップ

ガスクロマトグラフィー

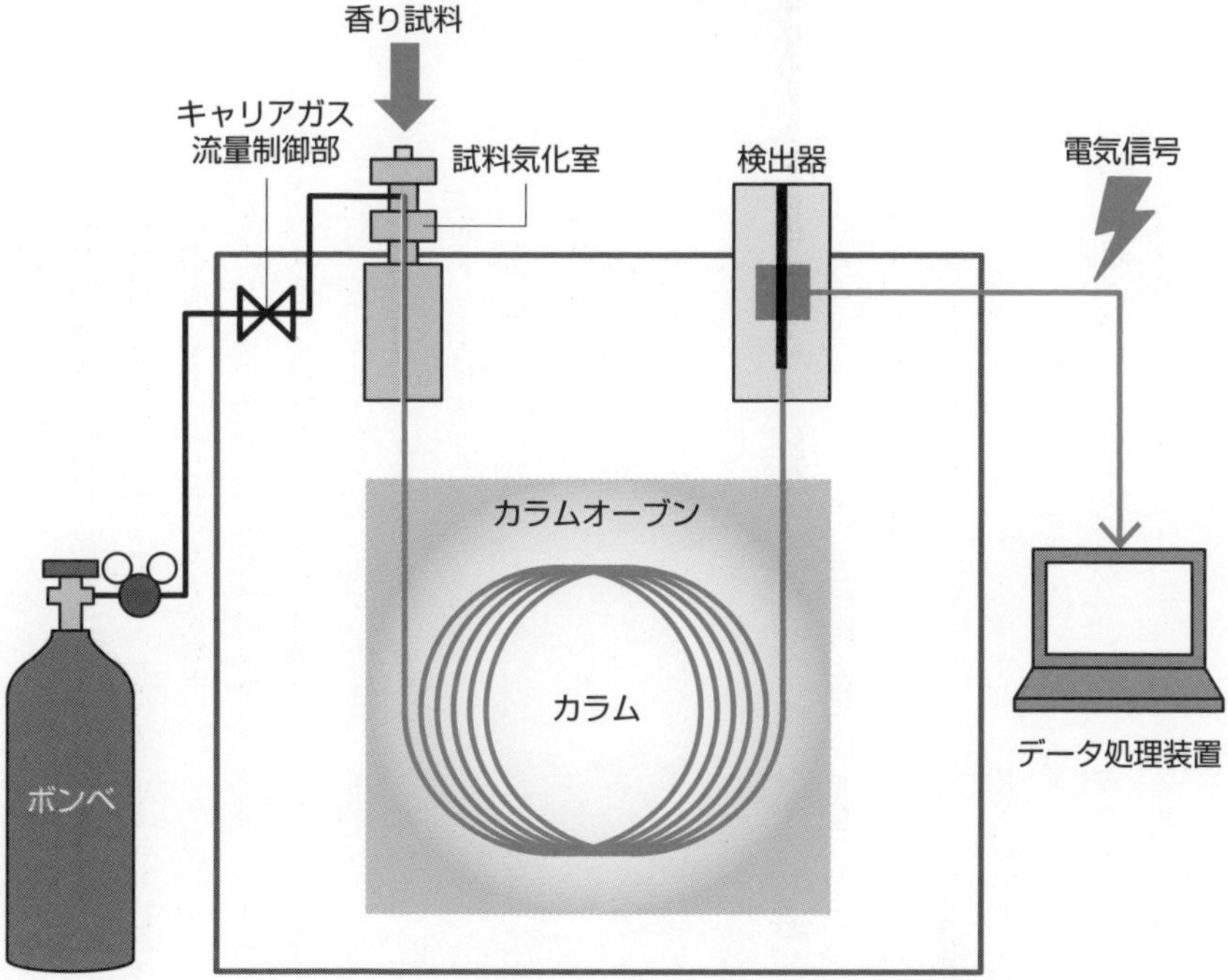

データ処理装置に表示される分析結果の例

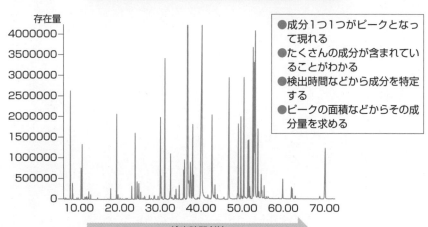

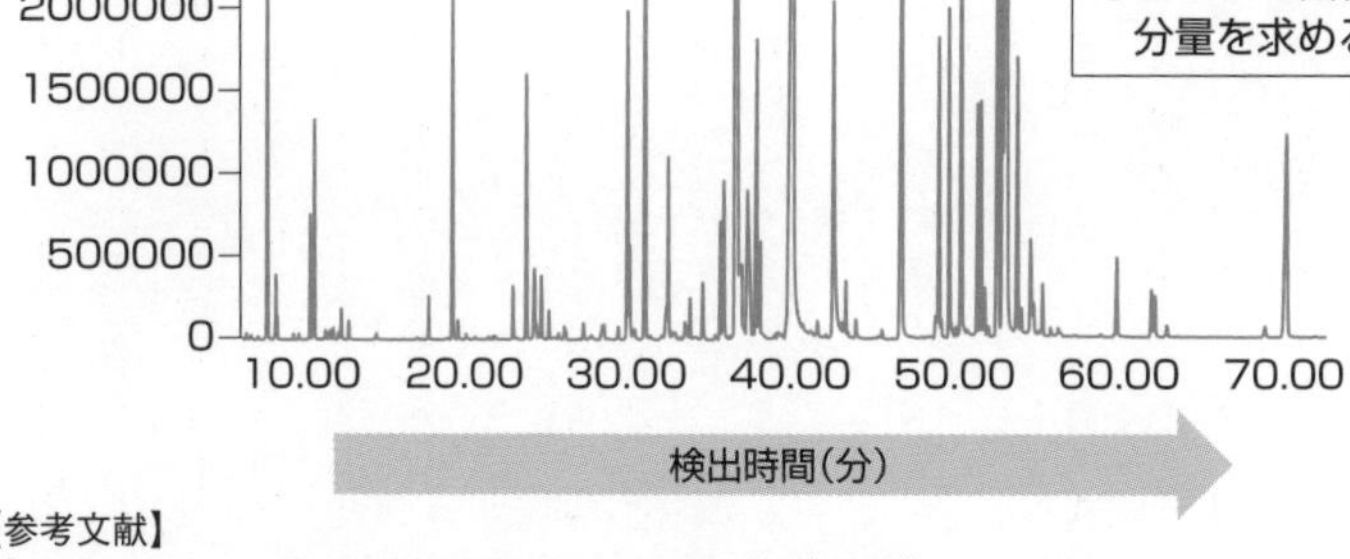

- 成分1つ1つがピークとなって現れる
- たくさんの成分が含まれていることがわかる
- 検出時間などから成分を特定する
- ピークの面積などからその成分量を求める

【参考文献】
1)James,A.T.and Martin,A.J.P.:Biochem.J.,50,679(1952).

Column

香りが特徴的な植物の薬理効果

『日本薬局方』は、「医薬品、医療機器等の品質、有効性及び安全性の確保等に関する法律」の第41条に基づいて決められた医薬品の規格基準書で、医薬品に使用する物質の性状や品質を適正に保つためのものです。

植物由来の香りは、古くから薬としても使用されてきたことから、『日本薬局方』に載っているものがいくつかあります。

例えば、ゲンノショウコ（ゼラニウムハーブ）は、整腸作用があり、下痢などに服用するとすぐに効いたことから「現の証拠」と名付けられたそうです。ユーカリ油は、市販薬の軟膏にも使用されていて、スーッとするお馴染みの香りです。『日本薬局方』には、「シネオール70％以上を含む。無色〜微黄色澄明の液」と書かれていて、シネオールというのが、スーッとする香りの正体です。効能・効果は、消炎、鎮痛、殺菌作用があり、心を平静にしてくれます。ユーカリの栽培地であるオーストラリアでは、家庭の万能薬として一家に一本というようにユーカリ精油を利用しているようです。

似たような香りで日本ではハッカ油があります。北海道のお土産としても有名ですが、これも『日本薬局方』に載っています。ハッカ油には、メントールというスーッとする香り成分が含まれています。オレンジの皮は、陳皮として漢方薬として使用されており、消化不良、胃炎、去痰に効果を発揮してくれます。安息香（ベンゾイン）はエゴノキ科のアンソクコウノキの樹木に傷をつけてにじみ出た樹脂で、保湿や抗炎症作用があることから、あかぎれ、しもやけなどの皮膚の改善に役立つと言われています。オリーブ油やゴマ油は、食用として馴染みのある油ですが、必須脂肪酸のリノール酸を含むことがよく知られています。アロマテラピーでは、トリートメントオイルとして肌荒れや関節痛のケアに使用されています。

昔から髪のケアに用いられており、シャンプーに配合されたことで身近になったツバキ油は、皮膚への浸透性が高く、アトピー性皮膚炎のケアにも用いられています。

歯科に行くと独特の香りが感じられることは少なくなりましたが、その独特の香りの正体はオイゲノールで、香辛料として使われる丁子（クローブ）の成分です。最近では、他の薬剤が使用されることも増えてきているようですが、殺菌、消炎作用があることから消毒にオイゲノールが用いられてきました。

第2章

香料の役割と分類

13 かおりを表す言葉は様々

「におい」と「かおり」はどのように使い分けられているのでしょうか。平仮名のままの「におい」は、好ましい、不快の区別がなく、におうものの総称として用いられています。「におい」を漢字で書く時には、「匂い」、「臭い」が使われますが、好ましいにおいには「匂い」、不快なにおいには「臭い」のように使い分けられることがあります。それに対して「かおり」は好ましいにおい(香気)に使用されることが多く、漢字では、「香り」、「馨り」、「薫り」などが用いられます。「香り」は一般的な香気表現であるのに対して、「馨り」は遠くまで広がるような香気に、「薫り」は「風薫る」のように抽象的な香気に使われています。

におい成分が鼻から入ると、鼻の奥の嗅上皮へ運ばれます。嗅上皮には、においをキャッチする嗅覚受容体があり、キャッチした情報が電気信号となって嗅神経から嗅球、脳へと伝わり、においを感じるというのが嗅覚の仕組みです。食べ物のにおいの場合、嗅覚受容体ににおい成分がキャッチされるまでのルートが、2つあります。1つは、食べ物を口にもっていった時に、鼻先から食べ物のにおいが鼻腔に入り、嗅覚受容体でキャッチされるルートです。このにおいを「オルソネーザルアロマ」と言います。また、食べ物を口に入れて噛むと、味やテクスチャー(食感)を感じます。体内で口と喉、鼻が繋がっているため、噛んだ食品が喉から胃に落ちていく時に、軽いにおいが喉から鼻に上がってきます。喉の奥から鼻へ抜ける空気に乗ってにおい分子が運ばれ、嗅覚受容体でキャッチされます。これが2つ目のルートで、このにおいを「レトロネーザルアロマ」と言います。

食品香料を「フレーバー」と言いますが、「フレーバー」は、香りと味などを一体的に感じる感覚を表す言葉でもあり、風味、香味のことでもあります。香りだけの場合はアロマで、味はテイスト、アロマとテイストが合わさってフレーバーとなるのです。

要点BOX
- ●食品の香りの感じ方には2つの経路がある
- ●フレーバーは風味で、香りプラス味のことを指す

食品の香りの感じ方の２つの経路

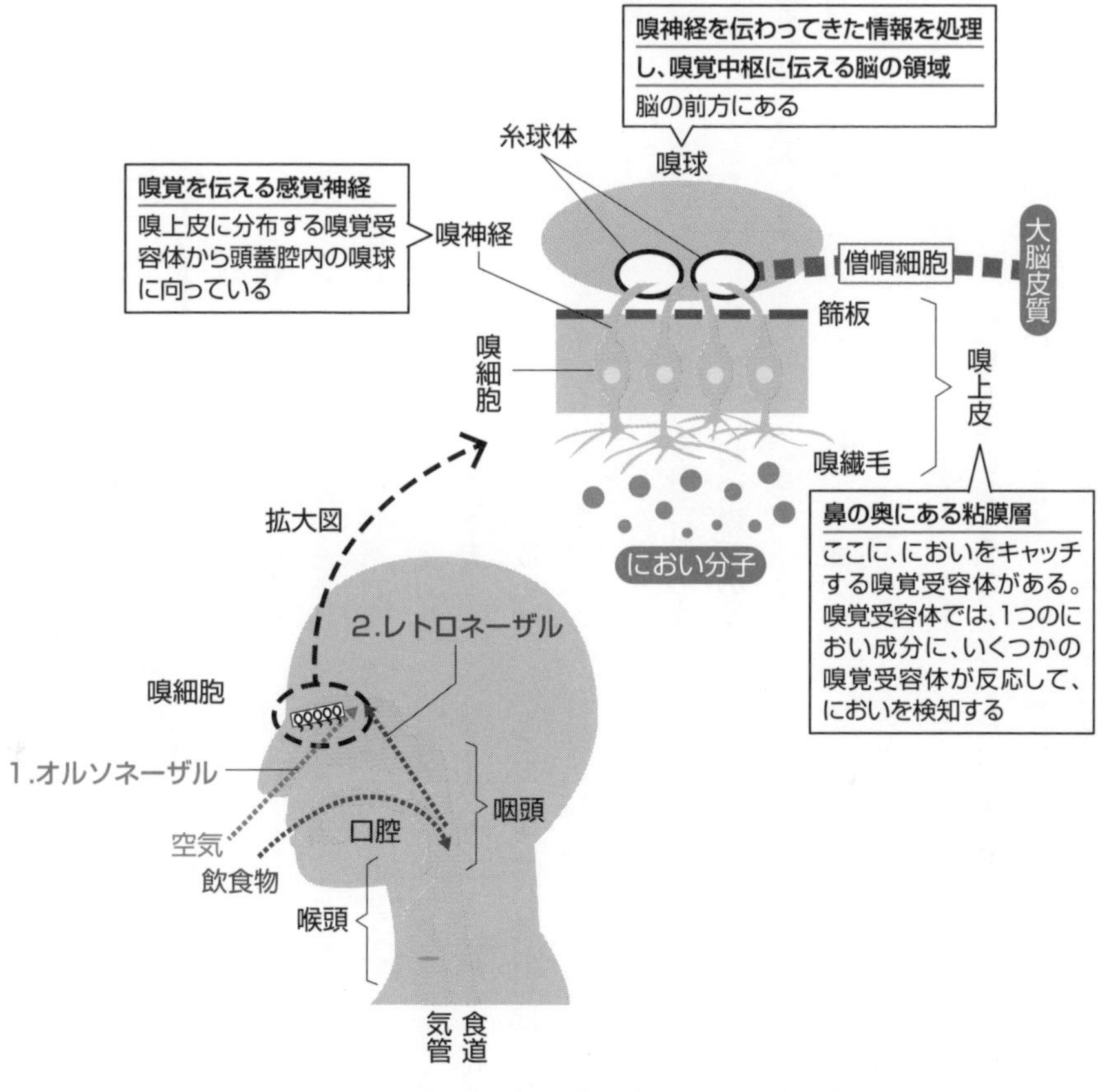

オルソネーザルアロマとレトロネーザルアロマ

	オルソネーザルアロマ (Orthonasal Aroma)	レトロネーザルアロマ (Retronasal Aroma)
感じ方	鼻先から入ってくる香り	口に入れた後に、鼻に抜ける香り
感じる時	息を吸う時に嗅ぐ香り	息を吐く時に嗅ぐ香り
感じる意味	食べる前に、腐っていないか、毒ではないかなどを嗅ぎ分け、食べても安全か、危害はないかを判断する	食べた時に、味と一体になった風味として味わい、おいしさを感じる
日本語訳	鼻先香、立ち香　など	口中香、あと香、戻り香　など
動物で	ほとんどの動物で感じている	人類しか持っていない感じ方

14 自然界は様々な香りで満ちている

動植物の営みと香り

日常生活の中で、ふと花の香りを感じ、季節の移り変わりを実感することは、誰にでも経験があることと思います。自然界には数多くのにおい物質が存在しており、様々な香りが存在しています。香りは動植物の営みにも欠かすことができないものです。

植物では、アレロパシー（他感作用：植物が放出する化学物質で、他の植物が何らかの作用を受ける）という現象があります。

例えば、ユーカリは、放出する香り成分（1,8-シネオール、スパチュレノール）により、イネ科の雑草の発芽や生育阻害を起こすことが知られています。また、植物の葉などが昆虫に食べられた時には、昆虫の嫌いなにおい物質を作り、外敵への防御をすることもあります。さらに、花の香りで昆虫を引き付けて受粉させたり、完熟果実の芳香で動物を誘引し、果実と交換して種子を別の場所へ運ばせたりします。これらは自由に移動できない植物が獲得した賢く生存する手段と言えます。

一方、昆虫や動物たちは、香りを媒体として食物を探し、花の蜜を吸うことや果実を食べることによりそれぞれの固体を維持しています。同種の生物の間では、フェロモンと呼ばれるにおい物質を分泌することで、異性の誘引や縄張りの主張、警報伝達、群社会の構成維持、食物探索の道しるべとなる情報などを交換し、生命の維持や種の保存を図っています。香りは、植物と動物の垣根を越えて生物界全体を交流させるための橋渡し役をしています。

高度に進化した人間にとっても、五感（視覚、聴覚、触覚、嗅覚、味覚）による情報は固体の維持と種の保存に欠かすことのできないものです。なかでも嗅覚は原始的な感覚とも言われ、古くは嗅覚を利用して食べ物を確保してきました。また、食べ物の腐敗臭や物が焼ける異臭、獣のにおいなどを危険信号として察知し、身の安全を守ってきました。

要点BOX
- ●香りは生物界全体の交流の橋渡し役
- ●危険を知らせるシグナルとしての香り

香りは生物界全体を交流させるための橋渡し役

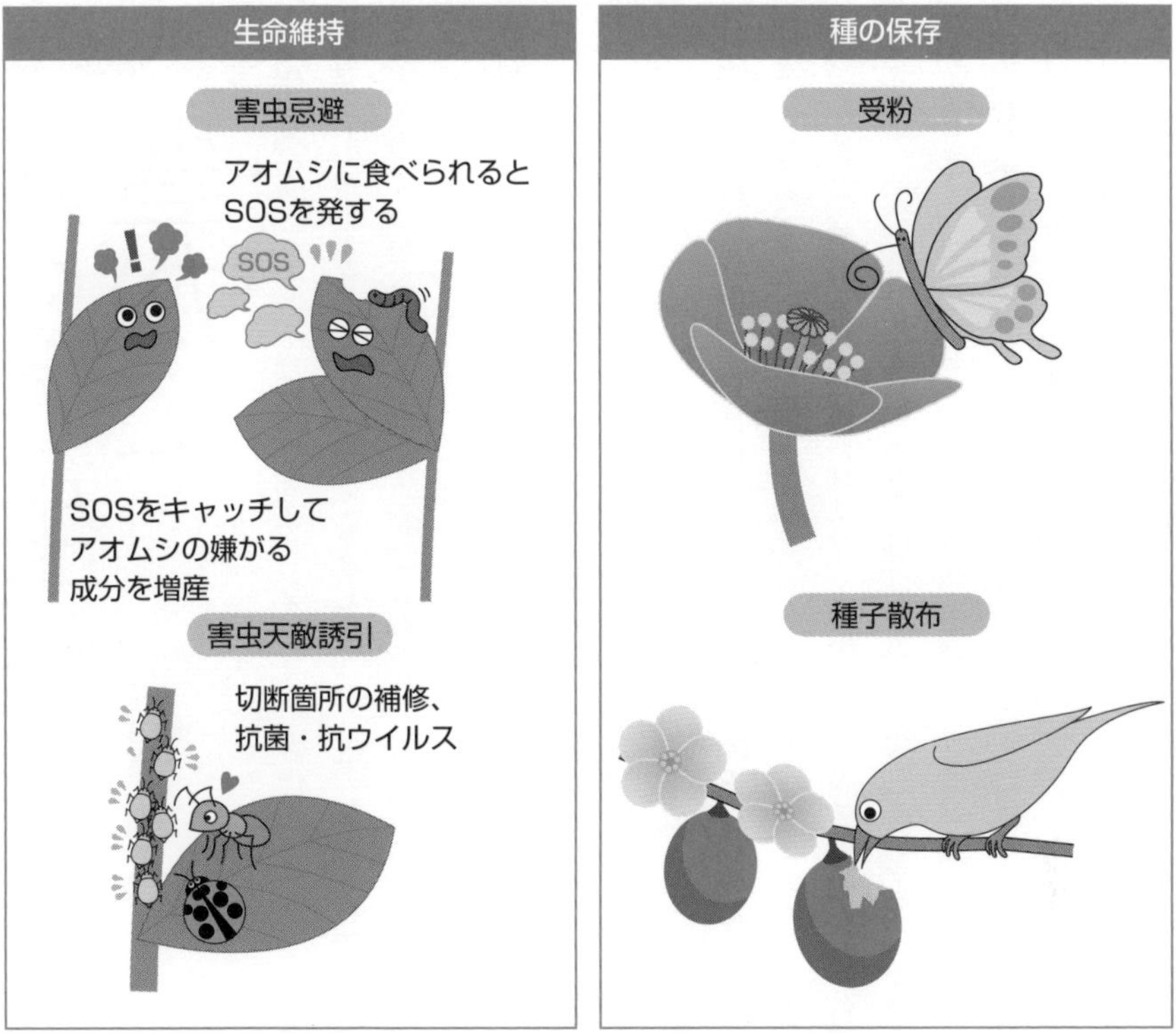

15 香りで生活を豊かに

文明、文化の発展とともに人は香りを楽しむことを生活に取り入れ、豊かな香り文化を育んできました。現在、私たちの身の回りは、フレーバー（食品香料）を用いたジュース、アイスクリーム、チョコレートなどの食品・飲料や、フレグランス（香粧品香料）を用いた香水、石鹸、洗剤、シャンプーなどの商品で満たされています。香りは生活の豊かさに密接な関わりを持っています。

香りには生理・心理的作用、薬理作用、抗菌・殺菌・防腐作用などがあります。森林浴での森の香りやハーブ類、花の香りには、気分を落ち着かせたり、高揚させたりする生理・心理的作用を持つことが確認されているものもあります。また、特定の精油には鎮痛作用や健胃作用などの薬理効果があり、古くから薬として暮らしの中に取り入れられてきました。食品に使用されるスパイス類は、香りを付与するだけでなく、特に食肉などの防腐という大切な役割を担っています。古代エジプトのミイラづくりには、没薬や丁字、肉桂などの抗菌・殺菌・防腐作用が利用されていました。

香りの素となっている香料の用途は、フレーバーとフレグランス、産業用に分けることができます。フレーバーは、飲料やお菓子、スイーツ、インスタント食品など、様々な飲料や食品に風味を効果的に付与する役割を持っています。

フレグランスは、香水やオーデコロンなどの香り製品をはじめとして、化粧品（シャンプー、コンディショナー、ボディソープなど）、入浴剤、洗剤、柔軟剤、室内芳香剤など、日用品を心地よく使用するための役割として用いられています。

産業用の香料は、都市ガスやLPガスが漏れた時に危険を知らせるための付臭剤の役割や、繊維やゴム、プラスチックなどをはじめとする様々な基材のにおいを緩和するためのマスキング剤の役割としても用いられています。

要点BOX
- ●飲料や食品のおいしさに寄与するフレーバー
- ●日用品を使うことの楽しさや快適さを付加するフレグランス

生活の中での香りの役割

生活の中の様々な香り

スパイス

森林浴

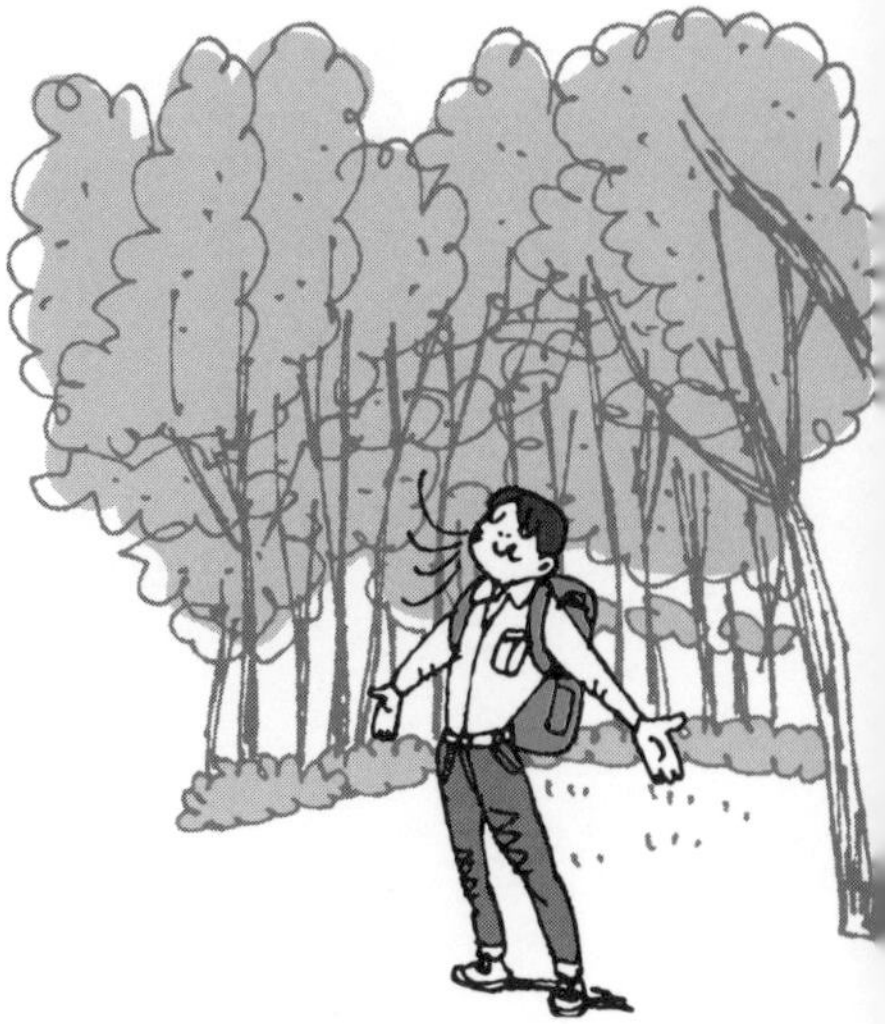

フレグランス

フレーバー

16 美と香り

美しさの秘訣は香りにあり

忙しい日々の中、バラの花の香りでリラックスしたり、ミントやシトラスの香りでリフレッシュすることで、ストレスが緩和されることがあります。また、睡眠は美容のためにも十分に取ることが大切ですが、香りが役立つこともあります。

眠りに誘ってくれる香りは、セダーウッドやヒバなどの精油に含まれるセドロールという成分と言われています。また、ラベンダーの香りは、睡眠中に副交感神経を優位にし、リラックスした状態を保つことができるため、質の良い睡眠が取れると考えられています。

香りは、お肌のケアにも役立ちます。バラの香り成分には、チロシナーゼ阻害効果があると言われています。チロシナーゼとは、お肌の表皮にあるメラノサイトの中で、シミの原因となるメラニン色素を作る酵素のことです。この酵素の働きを妨ぐことによって、メラニンを作らせないため、美白に役立っています。

また、天然ムスクの香り成分であるムスコンという香料は、真皮にある皮膚線維芽細胞（コラーゲンやヒアルロン酸を作り出す細胞）に加えると、ヒアルロン酸の産生を促すことが確認されています。ヒアルロン酸は、水分保持の能力が高い成分であるため、肌の水分保持が向上し、ハリが保たれ、シワやたるみの対策に役立ちます。

グレープフルーツの香りは、エネルギー消費を促進し、脂肪の蓄積を抑える効果があります。また、ラズベリーの香り成分であるラズベリーケトンは、唐辛子のカプサイシンと似た化学構造をしているため、脂肪分解や痩身効果があり、どちらもスリミングの時に合う香りと言われています。

秋になると、どこからともなく香ってくるキンモクセイの香りには、食欲を抑える効果があるため、おいしいものがたくさん出回る食欲の秋には、食べ過ぎ対策に良いかもしれません。

要点BOX
- ●質の良い睡眠につながる香り
- ●スリミングや肌ケアに役立つ香り成分

美容（スリミング）に関係のある香り

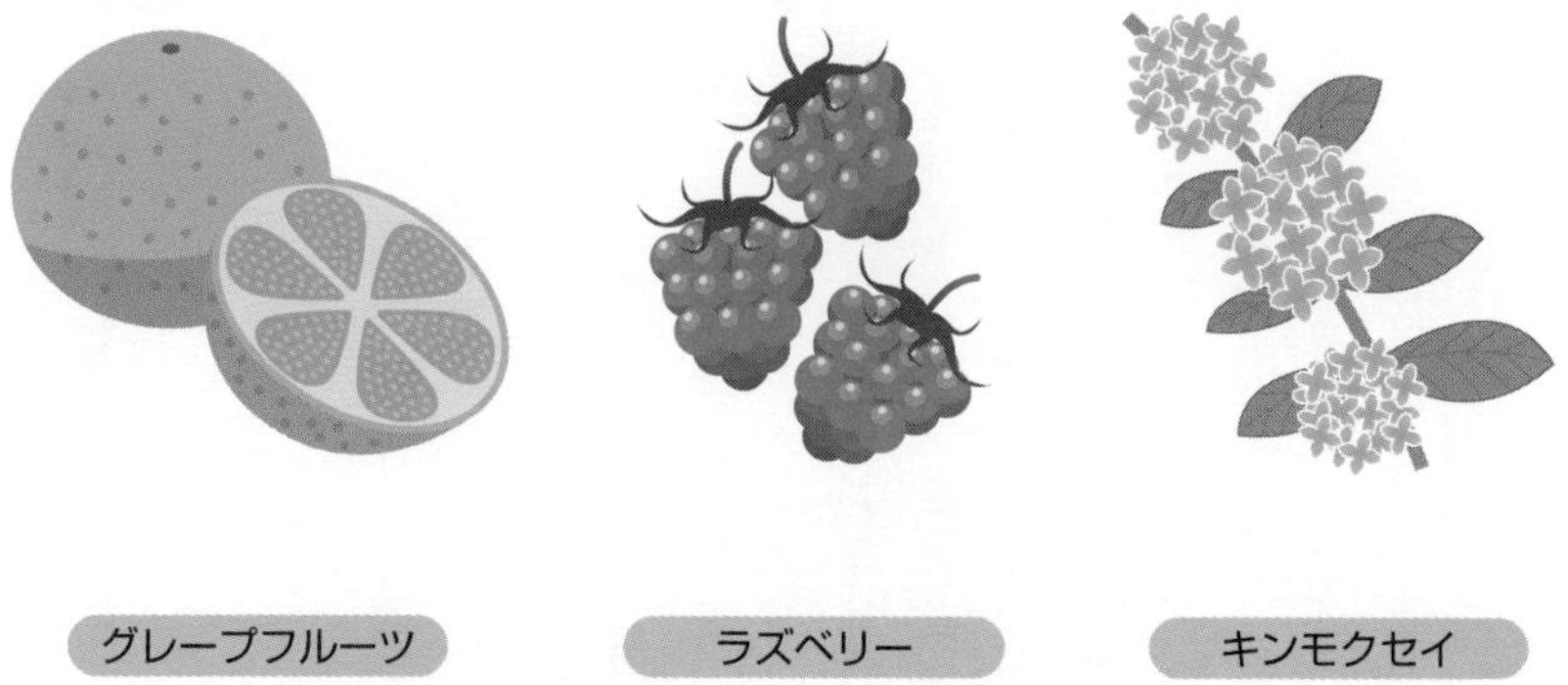

肌のシミができる仕組みとバラの香り成分の効果

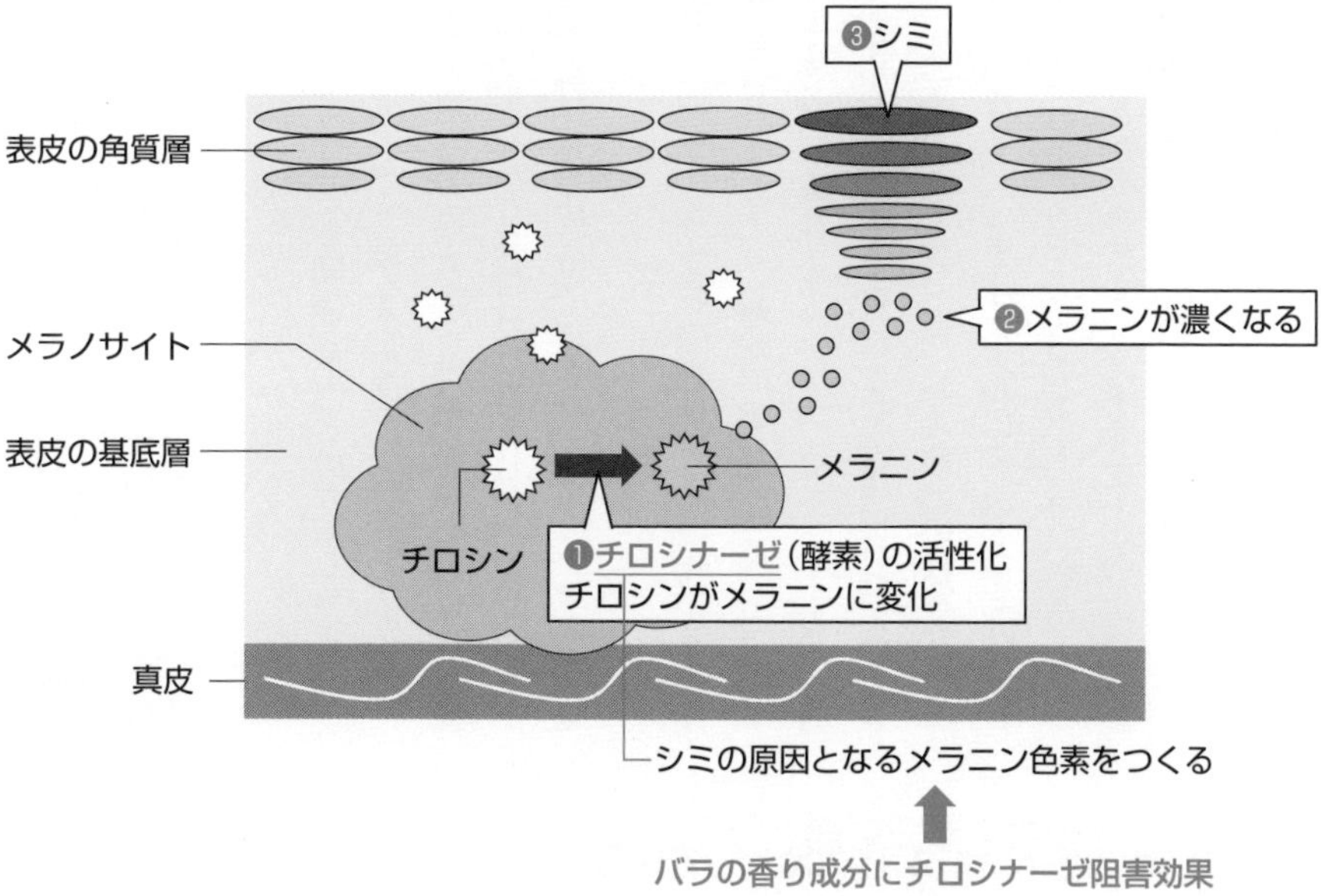

17 おいしさと香り

うま味に関係する香り

食品のおいしさは、味覚（味わう）、嗅覚（嗅ぐ）、視覚（見る）、聴覚（聞く）、触覚（ふれる）の五感で感じます。煎餅がパリッと割れる音、焼肉のジュージューという音もおいしさに繋がります。また、触覚では、食べた時のかたさ、なめらかさ、弾力、粘りなどを感じ取ります。

ところで、味には基本五味と言われる甘味、酸味、塩味、苦味、うま味があります。基本五味を香りで感じる場合を考えると、甘味を感じるバニラの香りや酸味を感じるレモンの香り、塩味を感じる磯の香り、苦味を感じるビターオレンジの香り、うま味を感じる鰹節の香り、醤油の香りなどが思い浮かぶのではないでしょうか。しかし、これまでそれぞれの味を感じさせる味物質と香り成分とは区別されてきました。

基本五味の中でうま味は日本食独自のものと思われがちです。日本食ではおいしさの素として、古くから昆布だしが使われており、その昆布からうま味成分が発見されたこととも関係しているのかもしれません。

うま味成分の1つであるグルタミン酸ナトリウムは、1908年に東京帝国大学・池田菊苗教授により発見され、「うま味」と名付けられました。グルタミン酸ナトリウムは香り成分ではなく、あくまでも味物質です。

ところが、近年、うま味受容体を活性化する香り成分が報告されました。醤油の香りの主成分であるメチオナールという香り成分です。メチオナールは醤油だけでなく、世界中で食材として用いられているじゃがいも、トマト、チーズ、コーヒーなどの様々な食品に含まれています。メチオナールによってうま味受容体が活性化されることで、食のおいしさに寄与していると考えることができます。メチオナールのように香り成分が味覚受容体に作用することが明らかになり、味物質だけでなく、香り成分も味覚受容体に作用する場合があることがわかったのです。

要点BOX
- ●五感がおいしさに関わっている
- ●うま味受容体を活性化する香り

おいしさと香りの関係

おいしさ

↑

人

五感

触覚
・歯ごたえ
・舌触り
など

視覚
・色
・形状
・光沢
など

聴覚
・そしゃく音
など

風味

嗅覚
・香り

こく

味覚
・基本五味
甘味
酸味
塩味
苦味
うま味
・その他
辛味
渋味 など

＋
その時の「心理状態」「健康状態」と
「生活スタイル」「経験」「食文化」など

食事をする環境
・温度・湿度
・明るさ・暗さ
・騒がしさ・静けさ
・雰囲気
・におい
・空気の清浄度など

基本五味

甘味

ショ糖、果糖、
ブドウ糖など

酸味

酢酸、クエン酸、
乳酸など

塩味

塩化ナトリウムなど

苦味

カフェイン（コーヒーの苦味）、
ナリンジン（グレープフルーツの苦味）、
イソフムロン（ビールの苦味）など

うま味

グルタミン酸（昆布）、
イノシン酸（鰹節）、
グアニル酸（キノコ類）など

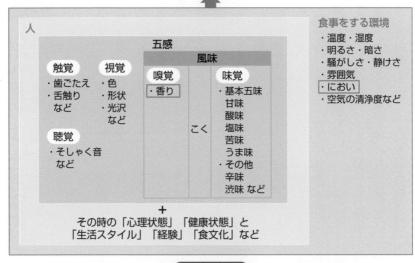

18 癒しと香り

緑の香りの心理・生理作用

緑の香りというと、青葉を手でちぎった時の青くさい香りや森林の香りを思い浮かべることでしょう。青くさい香りの正体は、青葉アルコール（シス-3-ヘキサノール）と青葉アルデヒド（トランス-2-ヘキサナール）という物質です。この香りには、鎮静作用があり、快適感が得られることがわかっています。

その快適感は、これらの香りがほんのり香る方がより快適であることが知られています。また、ラットの実験では、体を拘束してストレスを与えた状態で、この香りを嗅がせると、ストレスホルモンが減少したという報告があります。マウスの実験では、緑の香りを嗅がせたら運動量が3倍になったと報告されており、疲労回復効果も認められています。

古くから森には不思議な力があると言われ、森林浴という言葉は、1985年頃から使われ始めました。森林のもたらす効果について、人による実験では、都市部と森林部にそれぞれ15分間座ってもらったところ、森林部では、副交感神経活動が上昇し、リラックスした状態でした。主観評価の結果からも、森林部の方が快適性が高く、鎮静的で、リフレッシュ効果があることが示されました。

森の香り成分として、アカマツなどの針葉樹林では、α-ピネン、カンフェン、β-ピネンなど、広葉樹林では、α-ピネン、イソプレンが検出されていることから、α-ピネンが森林浴の効果に役立っていると考えられています。

森林の香りをフィトンチッドと表現することがあります。フィトンはギリシャ語で「植物」を意味し、チッドはラテン語由来の「殺す」を意味する造語です。植物から放散されるフィトンチッドには抗菌作用があり、昆虫や動物に対する忌避または誘引作用、人に対しては、リラックスやリフレッシュする作用があると言えます。専門家に「グリーン・ノート」と呼ばれる緑の香りは、有名な香水にも使われています。

要点BOX
●青葉の香りの鎮静作用
●森林のフィトンチッドでリラックスとリフレッシュ

緑の香り

森の香り
α-ピネン、β-ピネン、カンフェンなど

青くさい香り
青葉アルコール
青葉アルデヒド
など

緑の香りの香水

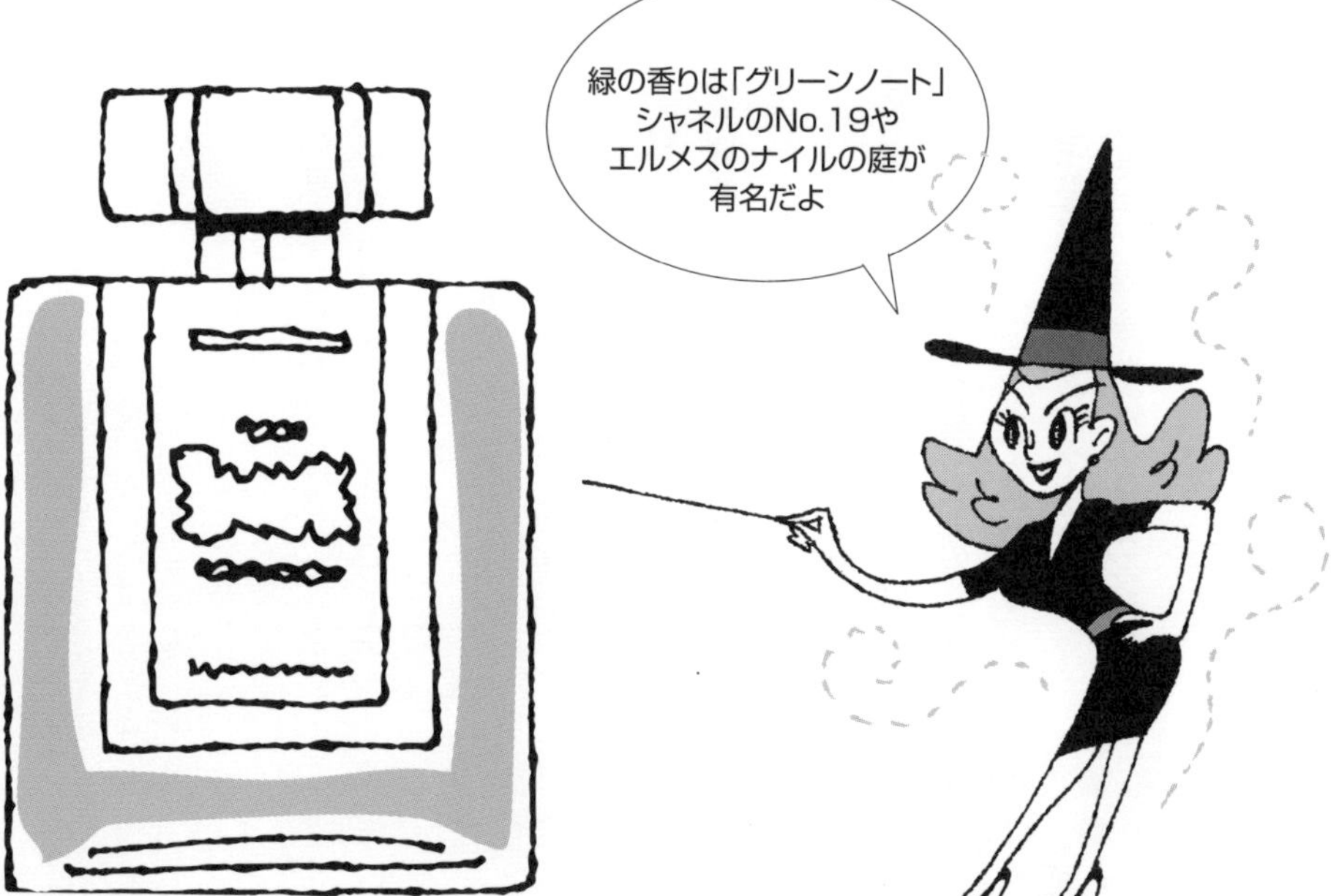
緑の香りは「グリーンノート」
シャネルのNo.19や
エルメスのナイルの庭が
有名だよ

19 香料の分類

天然香料と合成香料

香料の素材は、その原料あるいは製法によって天然香料と合成香料に大別され、さらに天然香料は植物性と動物性に分類されます。昔から珍重されてきた動物性香料は、動物保護や規制などの問題により入手が困難になっています。

植物性香料は、植物の花、葉、枝、幹および根などから得られる精油と、オレオレジン、バルサム、ガムなどの樹脂状物質とで構成されますが、大部分は精油です。すべての植物に精油が含まれており、その数は膨大です。天然香料として用いられているものはフレグランスとフレーバーを合わせて500〜600種類程度と言われています。

香料成分の複雑な混合体である天然香料（主として精油）から、利用価値が高い成分を物理的、化学的処理により分離したものを単離香料と言います。単離する過程で化学反応処理をしたものは合成香料に分類されます。一方、蒸留法や晶析《しょうせき》法などの物理的処理をしたものは、天然香料に分類されることがあります。また、天然素材に微生物を利用して生産される発酵フレーバーなども、生合成香料として天然香料のカテゴリーに分類することがあります。

合成香料は、狭義に半合成香料と純合成香料とに大別されます。半合成香料は、種々の単離香料および植物由来の原料を用いて化学反応により合成したものです。純合成香料は、石油化学製品、石炭タール製品、アセチレン化学製品などを原料として各種の化学反応により合成されたものです。天然香料の成分を合成したものを「ネイチャーアイデンティカル」と言い、自然界に存在しない香料を合成したものを「アーティフィシャル（もしくはニューケミカル）」と呼びます。

天然香料および合成香料を処方化して配合したものを調合香料と言います。用途により、フレグランスとフレーバーに分けられます。

要点BOX
- ●香料素材は天然香料と合成香料に大別
- ●天然香料、合成香料を処方化して配合した調合香料

香料の分類

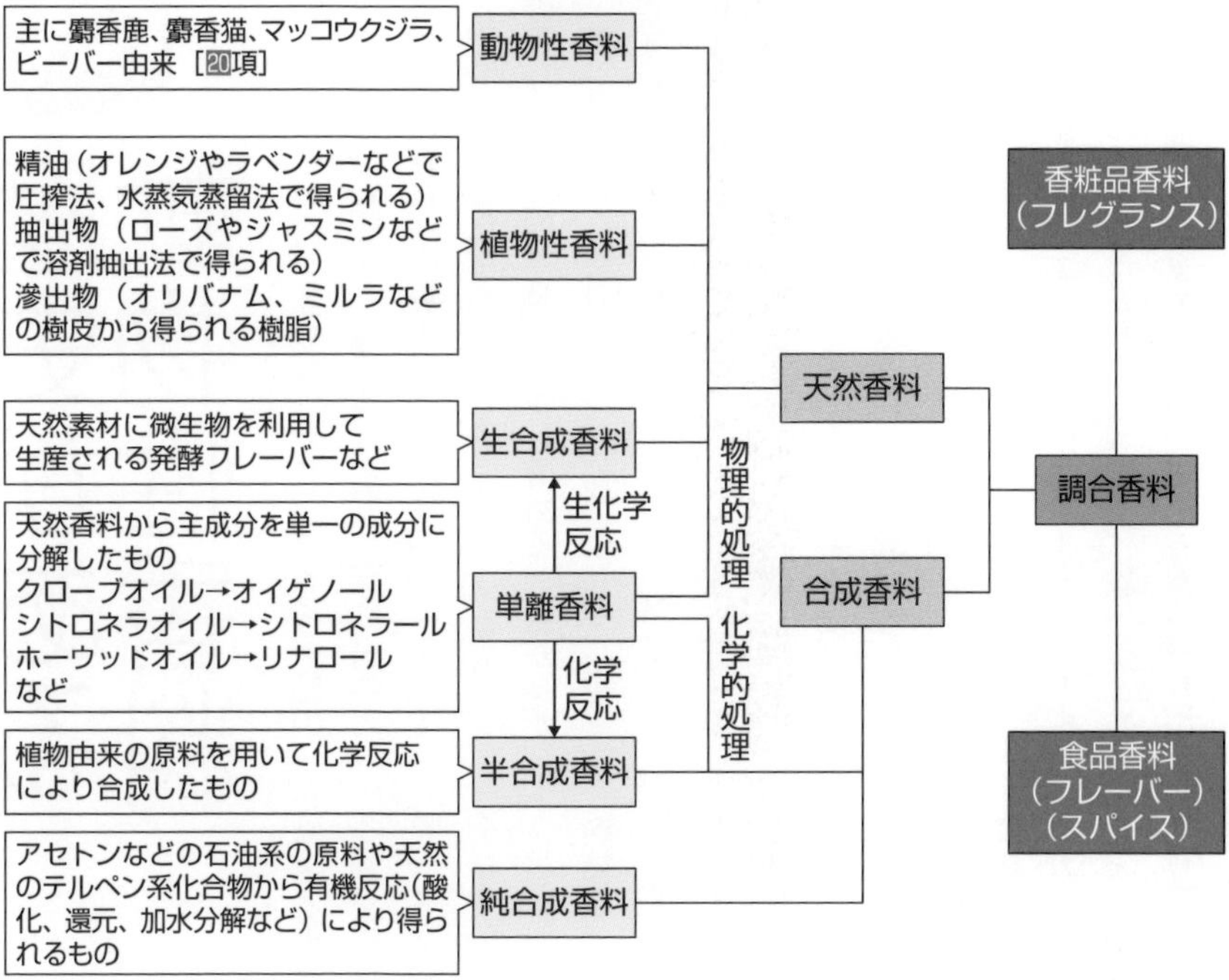

主に麝香鹿、麝香猫、マッコウクジラ、ビーバー由来［20項］
動物性香料
精油（オレンジやラベンダーなどで圧搾法、水蒸気蒸留法で得られる）
抽出物（ローズやジャスミンなどで溶剤抽出法で得られる）
滲出物（オリバナム、ミルラなどの樹皮から得られる樹脂）
植物性香料
天然素材に微生物を利用して生産される発酵フレーバーなど
生合成香料
生化学反応
天然香料から主成分を単一の成分に分解したもの
クローブオイル→オイゲノール
シトロネラオイル→シトロネラール
ホーウッドオイル→リナロール
など
単離香料
化学反応
植物由来の原料を用いて化学反応により合成したもの
半合成香料
アセトンなどの石油系の原料や天然のテルペン系化合物から有機反応（酸化、還元、加水分解など）により得られるもの
純合成香料
物理的処理
化学的処理
天然香料
合成香料
調合香料
香粧品香料（フレグランス）
食品香料（フレーバー）（スパイス）

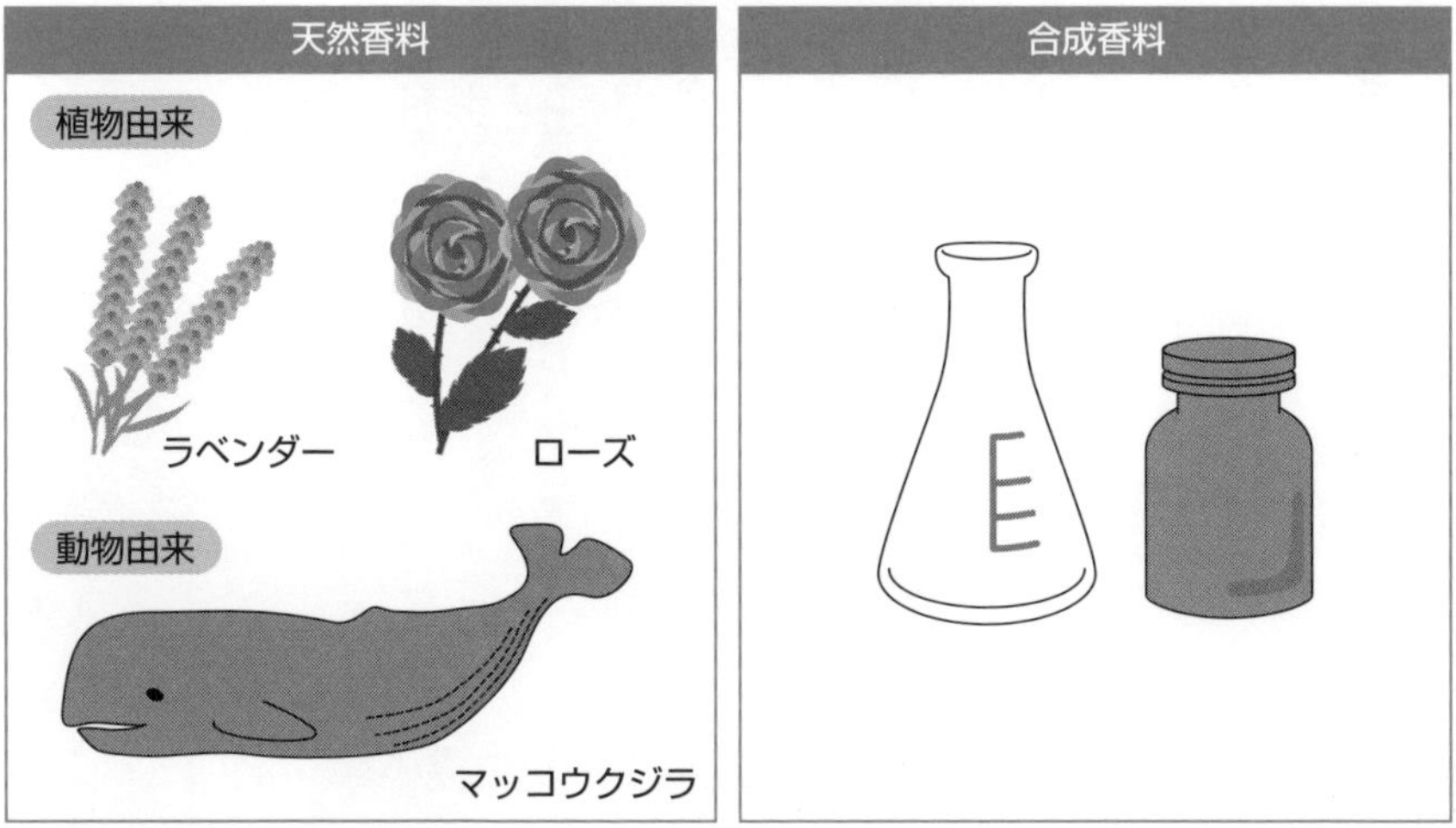

天然香料
植物由来
ラベンダー
ローズ
動物由来
マッコウクジラ
合成香料

20 歴史がある動物性香料

ムスク、シベット、アンバーグリス、カストリウム

動物性香料のムスク（musk）は、サンスクリット語のムスカ（muska）が語源で、漢字では麝香（ジャコウ）と書きます。麝香は、中央アジアの山岳地帯に生息するオスの麝香鹿の香のうから得られます。

その香りは独特の獣臭ですが、薄めると温か味があり、艶っぽい香りになります。ほんの少しで、香りにコクや幅を与え、温かく、セクシーで、魅力的な香りになります。エジプトの女王クレオパトラが、ムスクの香りを使って権力者のアントニウスを誘ったとも、中国の楊貴妃が麝香を塗って、玄武皇帝を魅了したとも言われています。中国では、強心剤、コレラの予防、神経衰弱、ぜんそくに効果があるとされてきたそうです。

シベット（civet）は、エチオピアに生息するシベットキャット（麝香猫）の香のうから得られます。雄・雌どちらも香のうを持っていますが、雄の香のうから取り出すペースト状のものが香料になります。その香りは、獣臭と糞臭が強く不快ですが、薄めると温か味のある香りになります。香料を取るために飼育され、猫を殺さないで反復採取できることが利点です。主成分はシベトンで、少量で甘い香りを感じさせます。

アンバーグリス（Ambergris）は、マッコウクジラの腸内結石で、食物のイカがクチバシでクジラの腸内を傷つけることでできると言われています。黒、茶、灰色が混ざったような油の塊で、琥珀を意味する「amber」と、灰色を意味する「grey」を合わせた造語です。7世紀初めにアラビア人によって使われ始めたと言われています。現在は、商業捕鯨が禁止されているため、偶然に海上の浮遊物として発見されるか、海岸に打ち上げられたものしか得られません。

カストリウム（castoreum）は、シベリア、カナダ、北米に生息するビーバーの雌雄にある分泌腺のうを切り取り乾燥したもので、主成分は、カストリンで、甘く重厚な香りがします。

要点BOX

- 濃いと不快でも薄めると魅力的、貴重で高価な動物性香料
- 中国では薬としても使用されてきたムスク

動物性香料
麝香鹿
中央アジアの山岳地帯
オスの香のう
ムスク（麝香《じゃこう》）
（musk）
麝香猫
エチオピア
オスの分泌腺、分泌物
シベット（霊猫香《れいびょうこう》）
（civet）
マッコウクジラ
食物のイカがクチバシでクジラの
腸内を傷つけてできる腸内結石
アンバーグリス（龍涎香《りゅうぜんこう》）
（ambergris）
ビーバー
シベリア、カナダ、北米
オス・メスにある分泌腺のう
カストリウム（海狸香《かいりこう》）
（castoreum）
クレオパトラ
楊貴妃

21 種類が豊富な植物性香料

植物性香料は、種類が非常に豊富であり、約1500種の植物から得られると言われます。香料の原料となる部位は、果皮、花、葉、根などで、同じ種類の植物でも生育環境により香り成分が異なることがあります。

ラベンダーは、育つ環境によって品種や採取される香り成分が異なります。標高1000mから1300mで育つ品種がラベンダー・アングスティフォリアや真正ラベンダーで、一般的なラベンダーとして思い浮かべるやさしい香りです。標高が高い方がエステル類を多く含み、酢酸リナリルとリナロールが成分のほとんどを占めているためとも言われています。一方、標高が800mより低いところで育つのが、スパイクラベンダーと呼ばれる品種です。真正ラベンダーと比較すると、エステル類の酢酸リナリルの含有量は少なく、ローズマリーなどに多く含まれる1,8-シネオールやカンファーが主成分であるため、スーッとする香りがします。

一方、原料の植物は異なるのに、主成分が似ているものにゼラニウムとバラがあります。ゼラニウムは、バラの様な香りがすることからローズゼラニウムとも言われるほどです。共通する主成分は、シトロネロール、ゲラニオールであり、全体に占める割合も同程度です（41項）。ローズオイルは非常に高価なため、比較的安価なゼラニウムオイルを代替として香粧品香料の一部に使用することがあります。ゼラニウムオイルから単離して得られるシトロネロールは、ロジノール（Rhodinol）という合成香料として様々なタイプの花様の香りに使われています。

現在では香水と言えば、合成香料で作られる印象がありますが、1945年頃までは、天然香料を主体とした処方であり、天然香料の特徴であるマイルドな雰囲気を持つものが多くありました。合成香料としても、1970年頃までは天然香料から単離したものが使われていたのです。

要点BOX
- 合成香料のお手本は天然の植物性香料
- 同じ植物でも生育環境で香り成分が異なる

植物性香料と抽出部位

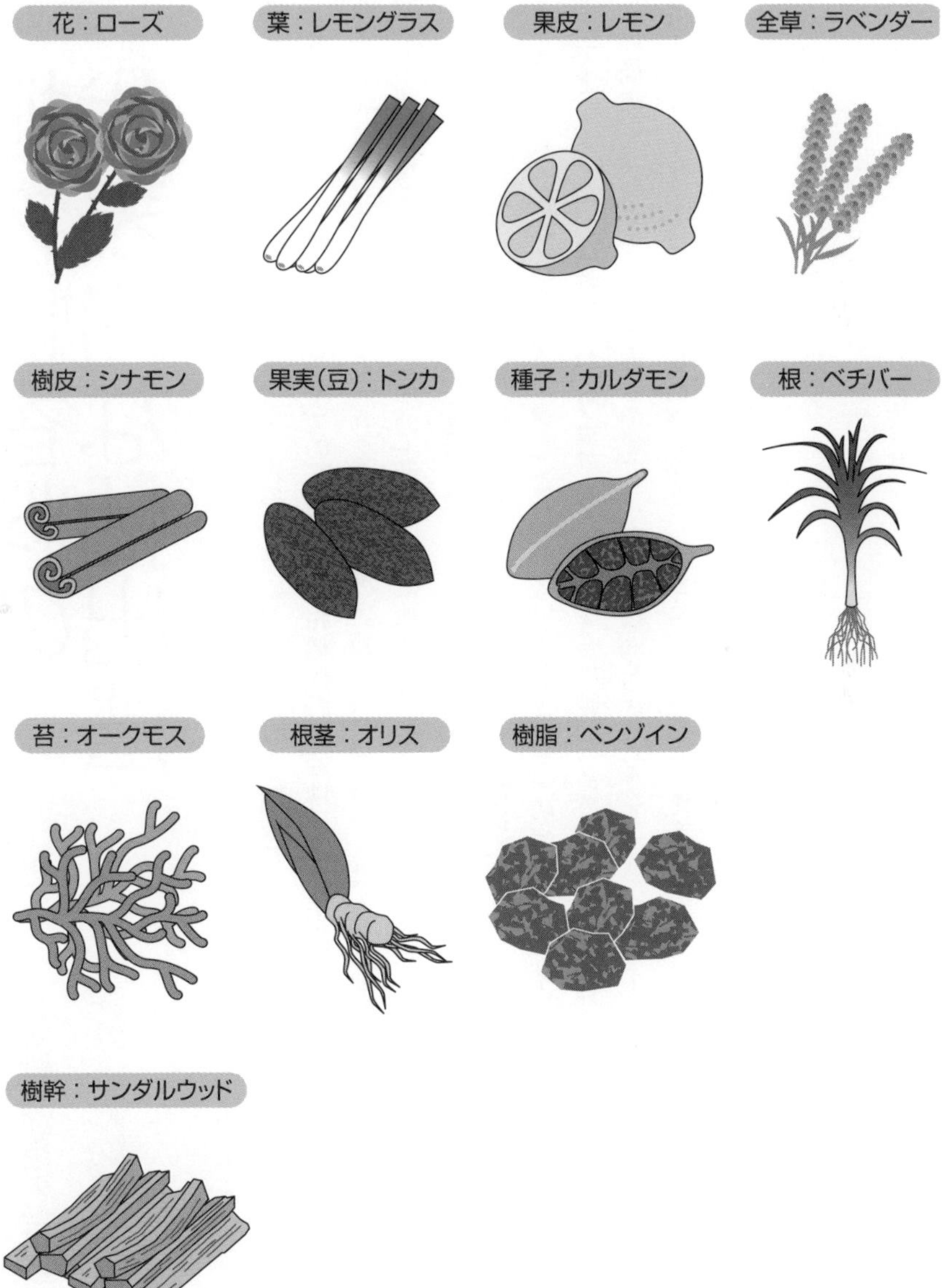
花：ローズ
葉：レモングラス
果皮：レモン
全草：ラベンダー
樹皮：シナモン
果実(豆)：トンカ
種子：カルダモン
根：ベチバー
苔：オークモス
根茎：オリス
樹脂：ベンゾイン
樹幹：サンダルウッド

22 植物性香料の代表的な抽出法

水蒸気蒸留法と圧搾法

ほとんどの精油は、水蒸気蒸留法で得られます。水蒸気蒸留法は、哲学者で医師のイブン・シーナ（アビセンナ、980-1037）が、初めてローズの蒸留に成功したことから始まります。植物を入れた金属製の蒸留釜に下から蒸気を通すと、蒸留釜の上部に蒸気と一緒に香り成分が出てきます。蒸留釜は、冷却装置に繋がれ、香り成分を含んだ蒸気が冷却されることで、精油と芳香蒸留水（ハーブウォーター）として得ることができます。精油は軽く、ハーブウォーターは重いために簡単に分離することができるのです。

ハーブウォーターにも水溶性成分や微量の精油成分が含まれており、古くは精油より大切にされ、薬としても用いられていました。十字軍の遠征（11～13世紀頃）で、西アジアのバラがヨーロッパに伝わったと言われていますが、この頃ローズウォーターの生産が飛躍的に伸び、その後、ラベンダーウォーターなどが現れ、17世紀末にはイタリア人理髪師のフェミニスが世界最古の香水と言われるケルンの水を創作し現代の香水に繋がっています（8項）。

柑橘類の精油は、圧搾法で得られます。柑橘類の表面には、つぶつぶに見える油細胞があり、その中に精油が満たされています。みかんを剥く時に皮から弾け飛ぶ香りが精油です。熱を加えないことから、コールドプレスとも呼ばれ、主に3つの方法が用いられています。最も一般的なのは、インライン法で、果肉を金属製のつめで取り除き、残りの部分を圧搾して精油を採取します。スフマトリーチェ法は、果実を半分に切り、スクイーザーで果汁を絞り、残った部分を圧搾します。ペラトリーチェ法は、果実の表面に金属製のおろし金のようなもので、油細胞を傷つけて精油を採取する方法で、この方法だけが、果汁を含まない精油だけを得ることができます。インライン法やスフマトリーチェ法よりもペラトリーチェ法の香りがよりフレッシュで、価格も高めです。

要点BOX

- 精油とハーブウォーターが一緒に取れる水蒸気蒸留法
- 抽出方法が香りのフレッシュさにも影響

水蒸気蒸留法

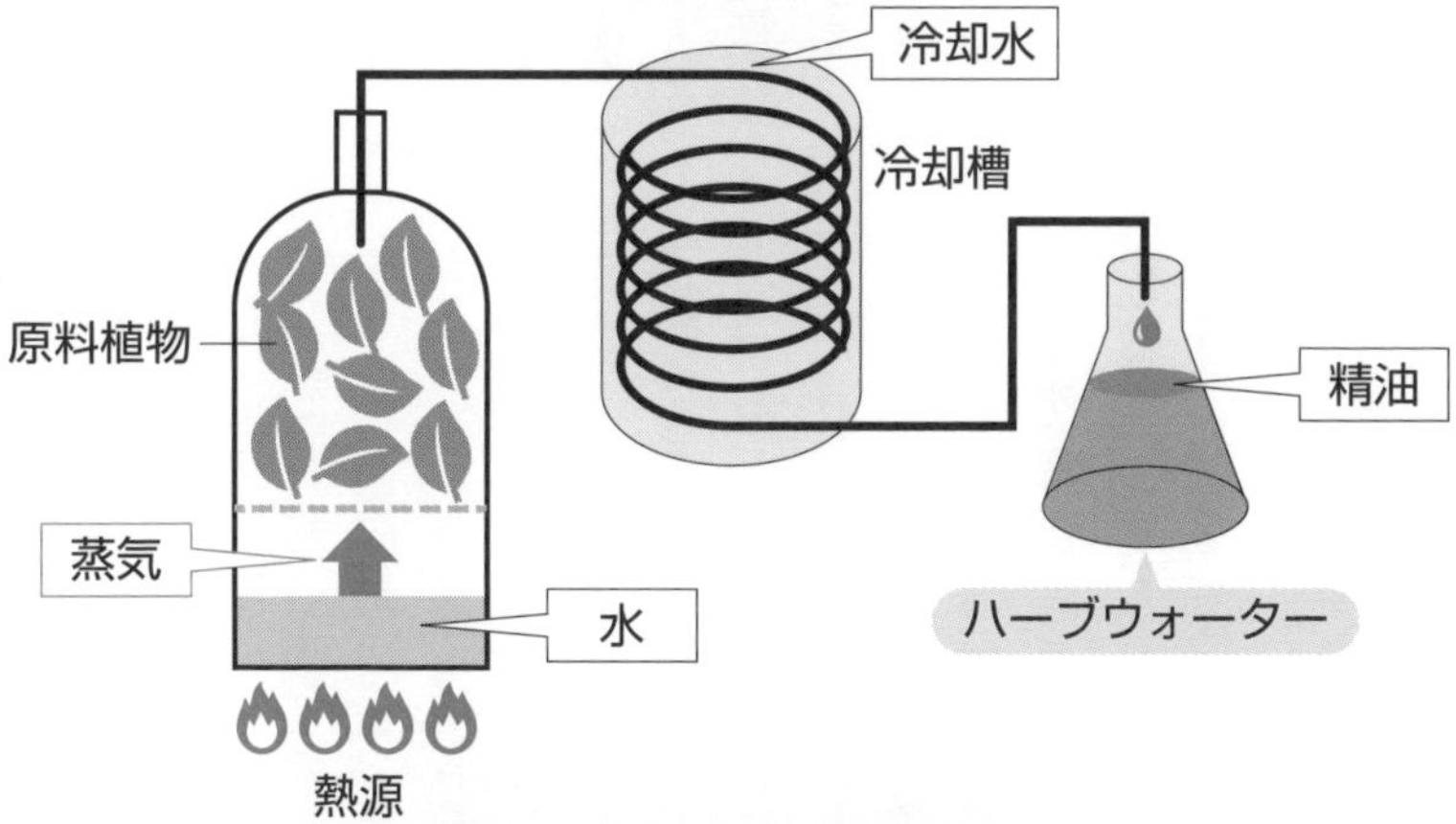

圧搾法（インライン法）

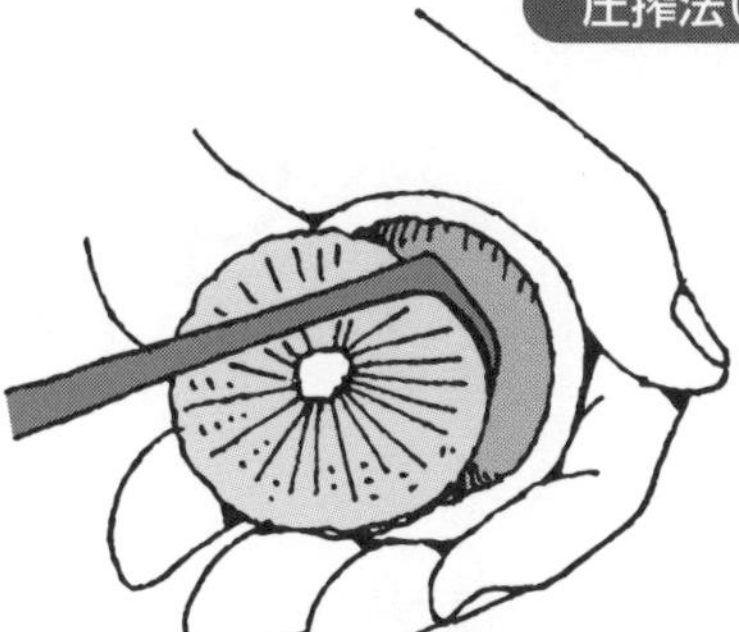

果肉を取り出す

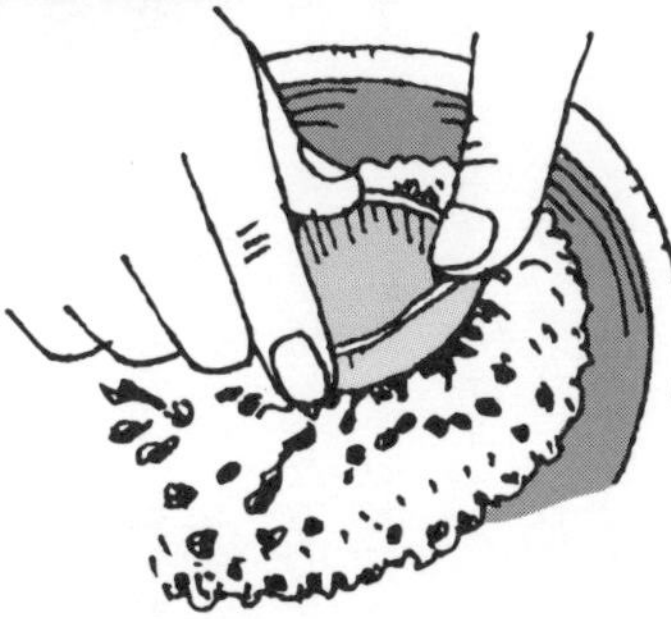

海綿に皮を押し付けて精油を採取

ペラトリーチェ法

ステンレスの水槽に多くの果実を浮かべ、
果実を洗浄

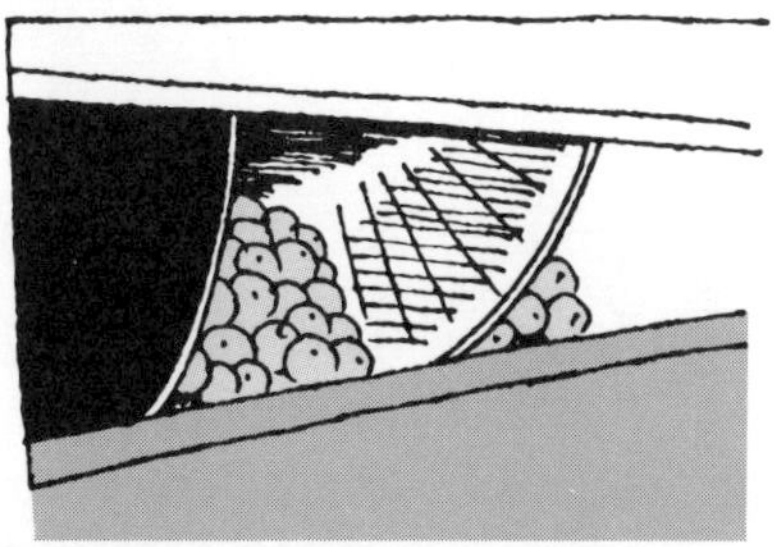

おろし金のドラムの中で、果実を転がしながら
外果皮の表面をすりおろし、果皮の油細胞に傷
をつけ、精油を水と一緒に洗い流す

23 花・樹脂からの精油の抽出法

油脂吸着法と溶剤抽出法

花などの精油の抽出方法には、「油脂吸着法」と「溶剤抽出法」があります。「油脂吸着法」は、無臭に処理した牛脂や豚脂などに花の香りを浸透させて精油を得る方法です。室温以下で行う冷浸法（アンフルラージュ法）は、熱を加えないため、デリケートなジャスミン、バラなどの花の精油の抽出に用いられてきました。数日から数週間、油脂に花を浸して香りを吸着させます。この方法で香りを高濃度に吸着した油脂のことをポマードと呼びます。ポマードを低温のアルコールで溶解するとアルコールに香りが移ります。最終的にアルコールを気化させ、精油を抽出します。一方、油脂を60〜70℃に加熱し、花などの精油を得る温浸法（マセレーション法）は、油脂を液体にしてから花を浸し、油脂が香り成分で飽和するまで新たな花に取り換え浸していきます。これをアルコールで洗い流し、精油を抽出します。バラ、ミモザなどに使われてきました。いずれも古くから用いられてきた伝統的な方法ですが、大半が手作業によるもので、コストが高く、現在ではほとんど使用されなくなっています。

油脂吸着法よりも効率的に精油を抽出する方法として、「溶剤抽出法」があります。ヘキサンなどの揮発性溶剤に花を浸して香り成分を抽出します。溶剤を取り除いた香り成分を含むロウ状のものをコンクリートと呼びます。この香りを含むコンクリートにアルコール処理をして精油が得られます。このように油脂や溶剤を使って得られる精油のことをアブソリュート（Absolute）と呼び、オリバナムやベンゾインなどの樹脂を原料にしたものをレジノイドと呼びます。

最も新しい抽出方法に「超臨界流体抽出法」があります。原料の植物と二酸化炭素を一緒にして、圧力をかけます。高圧にすることで二酸化炭素が液体となり、原料植物の香りが液体の二酸化炭素に移ります。常温に戻すと二酸化炭素は気体になり、精油が取れるという仕組みです。

要点BOX
- ●デリケートな花の香りの抽出法
- ●伝統的な抽出法は高コスト

アンフルラージュ法

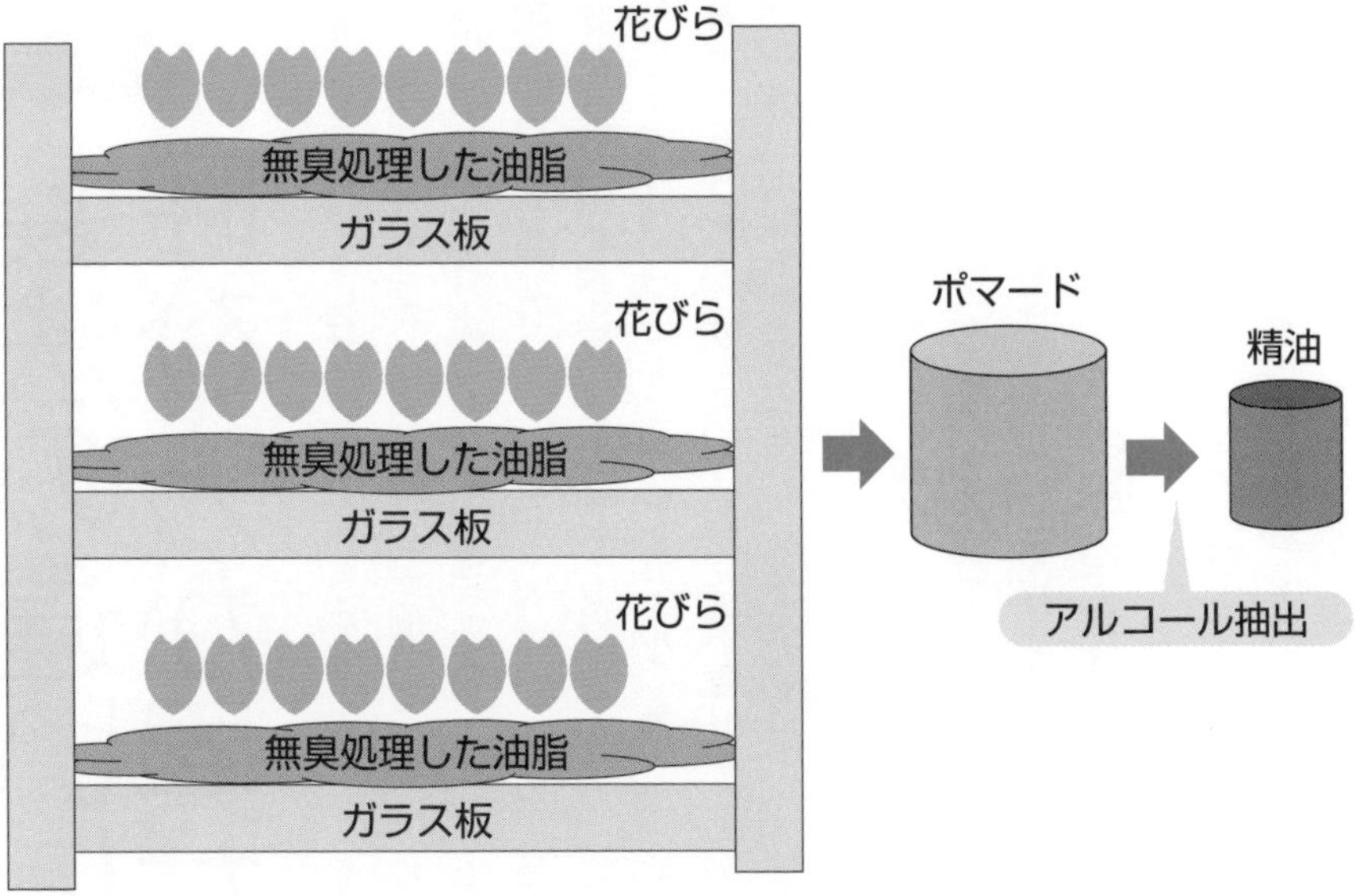
花びら
無臭処理した油脂
ガラス板
花びら
無臭処理した油脂
ガラス板
花びら
無臭処理した油脂
ガラス板
ポマード
精油
アルコール抽出

溶剤抽出法

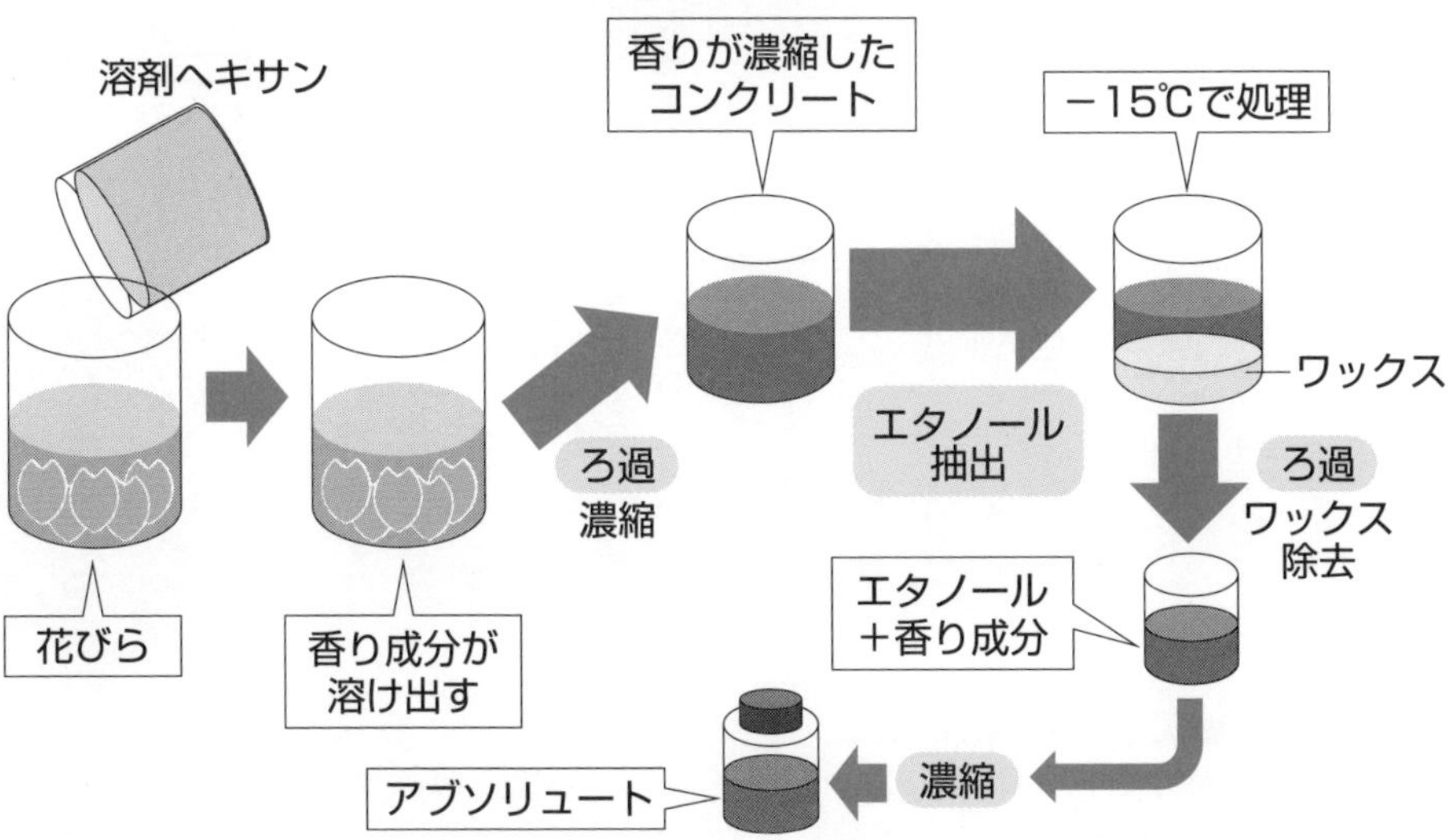
溶剤ヘキサン
花びら
香り成分が
溶け出す
ろ過
濃縮
香りが濃縮した
コンクリート
エタノール
抽出
−15℃で処理
ワックス
ろ過
ワックス
除去
エタノール
＋香り成分
濃縮
アブソリュート

24 製法の違いにより呼び方が異なる香料

製法に由来する香料の分類

天然香料を採取するには、水蒸気蒸留法などのいくつかの方法がありますが、原料の植物が同じでも、採取方法が異なると香り成分の組成が違うため、香りの印象も呼び方も異なります。

例えばバラは、溶剤抽出法で得られたものをローズアブソリュートと呼び、フェニルエチルアルコールを多く含み、華やかな印象で、咲いているバラに近い香りがします。一方、水蒸気蒸留法で得られたものをローズオットーと呼び、シトロネロール、ゲラニオール、リナロールなどの成分で構成され、明るく透明感のある甘い香りがします。フェニルエチルアルコールは、水に溶けやすいため、一部は芳香水として採取されますが、オイル成分には残りにくいため、ローズオットーにはほとんど含まれていません。

採取方法が同じでも原料の分類で呼び方が違うものがあります。圧縮法や水蒸気蒸留法によって得た精油をオイル、溶剤抽出法によって花から得た精油をアブソリュート、花以外の果実、葉、木皮、根、茎から抽出したものをオレオレジン、樹脂などから抽出したものをレジノイドと呼びます。オレオレジンは主に食品用に、レジノイドは主に香粧品用に使用されます。

ビターオレンジの木からは、抽出方法と部位の違いで5種類の香料が取れます。花は水蒸気蒸留したものを「ネロリオイル」、溶剤抽出したものを「オレンジフラワーアブソリュート」と言います。葉や枝は、水蒸気蒸留したものを「プチグレンビガラードオイル」、溶剤抽出したものを「プチグレンビガラードアブソリュート」と言います。果実の皮を圧搾法で抽出したものを「ビターオレンジオイル」と言い、それぞれ香り成分が異なり、香りの印象も異なります。

チンキは、天然物をアルコールに浸し、香り成分を浸出させる方法で得られるものです。他には、樹幹を傷つけることにより浸出してくる樹液を採取して精製する方法などもあります。

要点BOX

- ●製法と原料部位による香料の分類
- ●抽出方法による違いで名前も香りも違うローズ
- ●5種類のオイルが得られるビターオレンジ

天然香料の採取方法

分類	採取法	代表例
精油	圧搾法	オレンジ、レモン、ベルガモット、グレープフルーツ
	水蒸気蒸留法	ローズ、ゼラニウム、ラベンダー、マジョラム、ユーカリ
アブソリュート	溶剤抽出法	ローズ、ジャスミン、チュベローズ、オレンジフラワー
	温浸法	ローズ、オレンジフラワー、バイオレット
	冷浸法	ジャスミン、チュベローズ
レジノイド(香粧品)	溶剤抽出法	ベンゾイン、オリバナム、ミルラ
オレオレジン(食品)	溶剤抽出法	バニラ、ジンジャー
チンキ	浸出法	ベンゾイン、バニラ、オリス、ラブダナム

部位別の抽出法と精油の呼び方

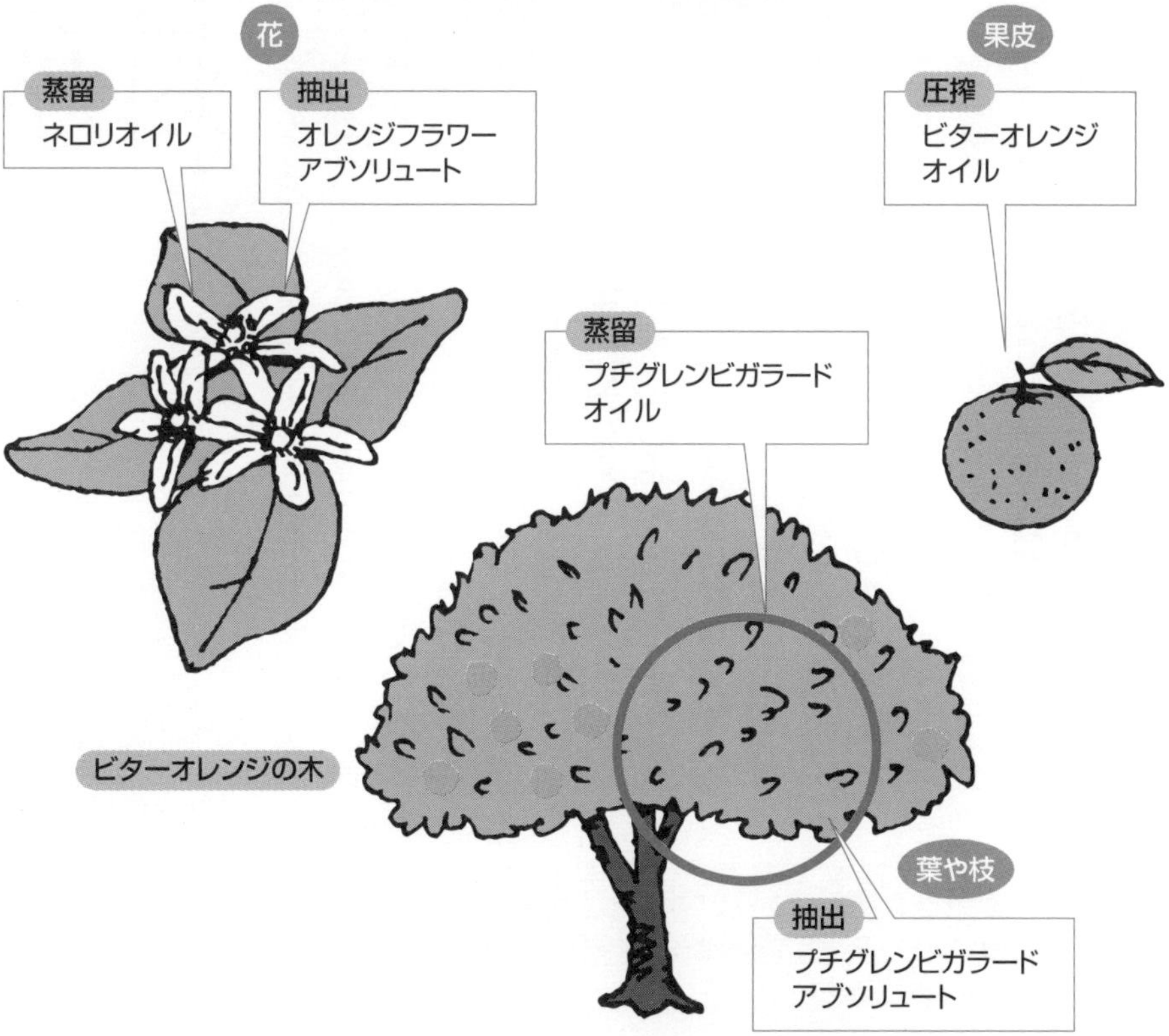

25 化学の進歩が生み出す香料

合成香料の種類

香料には天然香料と合成香料があり、天然香料は動植物から香り成分を抽出したもので、合成香料は化学反応を利用して人工的に作ったものです。香粧品用の合成香料は約5000種類、食品用の合成香料は約3000種類と言われており、主に活用されているのはどちらも500〜600種類程度です。

一般に天然香料は価格が高く、採取する動植物の地域や季節、気象条件などによって品質がばらつきます。一方、合成香料は化学的に生産ができるため、安価で大量に生産でき、品質のばらつきが少ないのが特徴です。価格や供給量、品質が安定している合成香料のニーズが拡大しているのが現状です。合成香料は、天然物中に発見されている物質と未発見の物質の2つに分けられます。

1つには、食品や天然香料などの成分の分析により その化学構造を解明し、まったく同じ構造の化合物を他の原料から化学合成する合成香料で、実際にはこの系列の合成香料が大半を占めています。例えば、トンカ豆の主要な香り成分であるクマリンや、カシア（肉桂）の主要成分であるシンナミックアルデヒド、バラやジャスミンなど多くの花精油の成分であるリナロール、あるいは樟（くすのき）の主な香り成分であるカンファーなど、多くの合成香料がこれに相当します。

もう1つは、天然には未発見で、アーティフィシャル（もしくはニューケミカル）と呼ばれる香気特性などが優れた合成香料で、現在では大量に使用されているものも多数あります。例えば、代表的なシトラス系香料であるジヒドロミルセノール、代表的なウッディ・アンバー香料であるアセチルセドレン（ベルトフィックス・クール）などがこれに相当します。

合成香料は香りや物性などの特徴が明確でバラエティに富んでおり、香りの特徴を増強したり、新たな創作物を生み出したりできるため、現在では、香粧品、食品いずれにおいても欠かせない香料になっています。

要点BOX
- ●香りや物性の特徴が明確な合成香料
- ●バラエティに富み新たな創作物を生み出しやすい合成香料

調香台と調香の様子

におい紙を使用して
香りを確認する

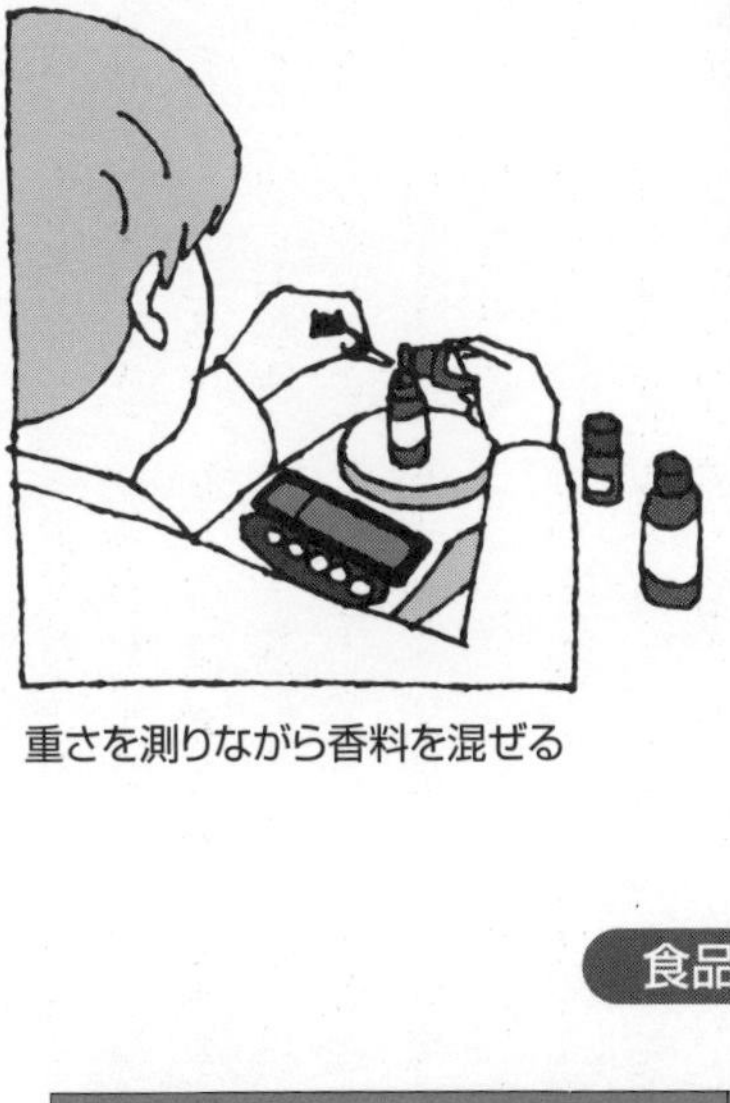

重さを測りながら香料を混ぜる

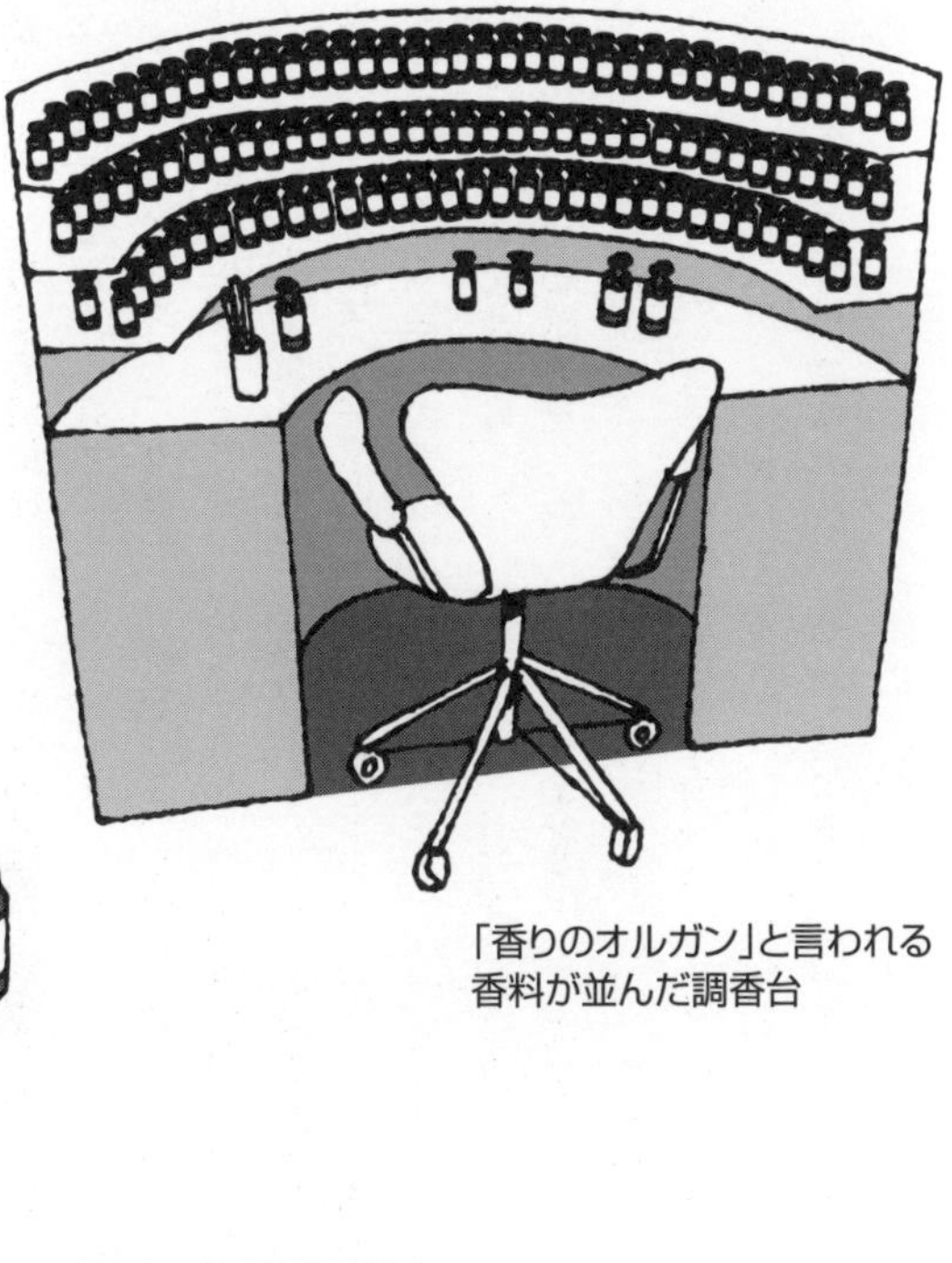

「香りのオルガン」と言われる
香料が並んだ調香台

食品に使用可能な香料

分類		品目数	備考
天然香料		約600	「天然香料基原物質リスト」での収載されている基原物質
指定添加物（香料化合物）	個々の品名で指定されているもの	132	「食品衛生法施行規則別表第1」に収載されている466品に含まれている。着香の目的に限るという使用基準が定められている。ただし、個別指定の中には、他の使用目的での使用も認められているプロピオン酸（保存目的）と酢酸エチル（溶剤目的）なども含まれている。
	化学的な類別に指定されているもの	18類（約3,000）	

Column

味覚と嗅覚の共感覚
―香りは味に影響する―

共感覚は、1つの感覚的な刺激から複数の知覚が引き起こされる現象のことです。例えば、文字や音に色が付いて見えたり、香りや味に色や形を感じたりするなどの現象です。

共感覚は、赤ちゃんの頃は誰もが持っているという説もあります。赤ちゃんの脳は、視覚や嗅覚などの感覚を個別に処理する機能が未熟で、視覚や嗅覚が混在するケースがあり、成長につれて感覚が分化し、独立していくためだそうです。しかし、大人になっても共感覚を持つ人がおり、「共感覚者」と呼ばれ、記憶力や芸術性に優れていることが多いようです。

中高生の頃、英単語を覚える時には、英単語を目で見て、発音して耳で聞いて、書いて手の感覚で覚えてという具合に、視覚・聴覚・触覚の三感を総動員した訳ですが、三感が共感覚であれば、簡単に覚えられたかもしれません。

ところで、私たちの嗅覚と味覚は共感覚です。水にバニラのような甘い香りを添加すると甘く感じますし、レモンのような酸っぱい香りを添加すると酸っぱく感じます。味はただの水であるため、そのようなはずはないのですが、香りが味の感覚に影響した共感覚なのです。

砂糖が多い甘い食品はおいしく感じられます。肥満や糖尿病などが気になるため、砂糖を減らしたいところですが、おいしさが低減します。そこで甘い香りを水に付ければ、甘味を増して感じるため、砂糖を減らすことができます。同じように、塩分の摂りすぎは高血圧、脂質の摂りすぎは肥満や循環器疾患などが心配です。そこで、塩の香り、脂肪の香りを添加することで、塩分や脂質を減らしてもおいしく食べることができるようになります。香料会社では、そのような香料の開発が進んでいます。

味覚と嗅覚の共感覚を利用し、料理に香りを上手く使うと、健康面を考慮したおいしい料理を味わうことができるのです。

第3章

香り成分の特性

26 香料物質の種類と性質

生活環境に存在するにおい物質にはどのくらいの種類があるのでしょうか。化学物質は一般的に有機化合物と無機化合物に大別されますが、におい物質の多くは有機化合物に分類されます。

50年ほど前の有機化合物が200万種あると言われていた頃は、におい物質になるための条件、構造式などから推測し、におい物質は約40万種あるとされていました。現在の有機化合物の種類は、その10倍以上とも言われており、におい物質もより多くのものが存在していることが予想されます。香料もにおい物質の中に含まれますが、その数は約5000種類あると言われています。

におい物質の構成元素としては、水素(H)、重水素(D)、ホウ素(B)、炭素(C)、ケイ素(Si)、窒素(N)、リン(P)、酸素(O)、硫黄(S)、塩素(Cl)、臭素(Br)、ヨウ素(I)などが知られていますが、香料には塩素などの含ハロゲン化合物も例外的に存在します。

構成元素としては、水素、炭素、窒素、酸素、硫黄の5種類が重要であり、特に炭素は重要な役割を担っています。炭素数によるテルペン類の分類(31項)で、$C_{10}H_{16}$ のモノテルペンは分子量が約140、$C_{15}H_{24}$ のセスキテルペンは分子量が約200で揮発性が高い物質です。一方、$C_{20}H_{32}$ のジテルペンは分子量が約270と大きく、揮発性が低い物質です。

人がにおいを感じるためには、におい物質が気化し、それを人が吸い込まなければなりません。におい物質の揮発性には物質の分子量が重要で、分子量が大きすぎると物質が気化しにくい傾向にあります。香りの揮発速度を表わすノートでは、モノテルペン、セスキテルペンはトップノートやミドルノート、ジテルペンはベースノート(35項)が多いのが特徴です。

香料の中で分子量が大きいものは、一般的に300程度と言われ、使用頻度が高い香料の分子量は150～220あたりに集中しています。

要点BOX
- ●におい物質の多くは有機化合物で40万種類以上
- ●におうには気化する性質を持つことが必要

におい物質の数

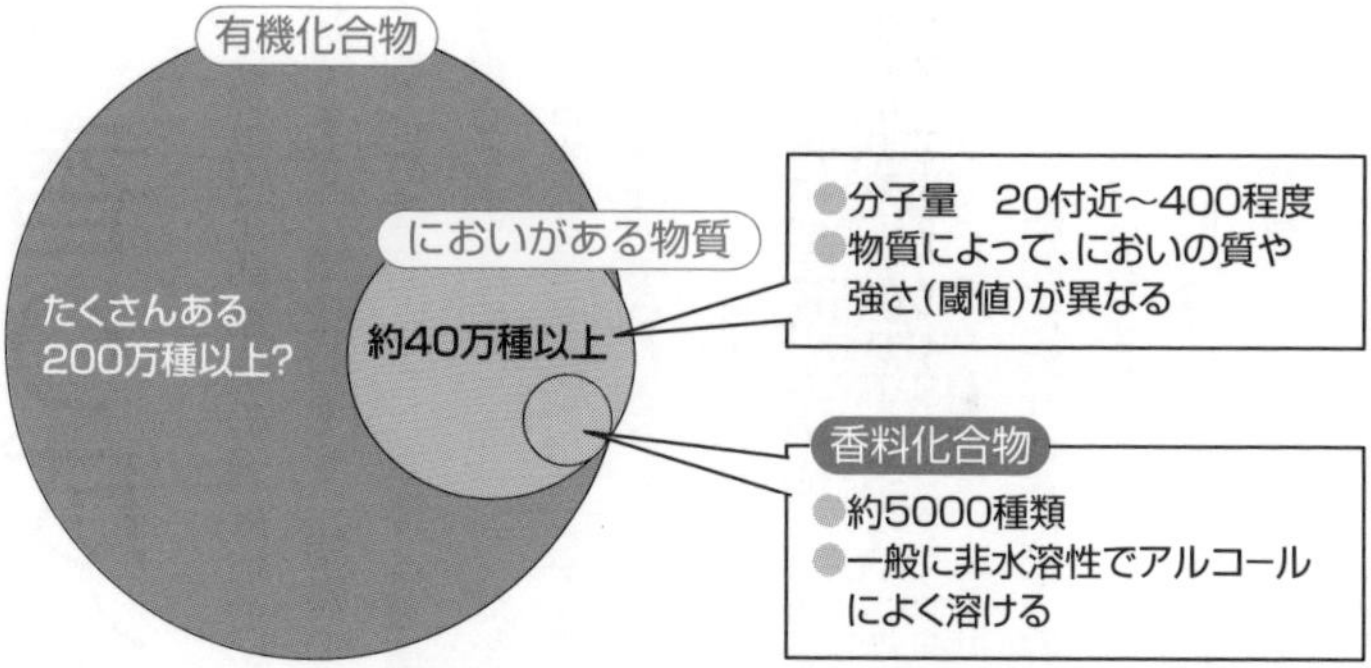
有機化合物
たくさんある
200万種以上?
においがある物質
約40万種以上
●分子量　20付近～400程度
●物質によって、においの質や
強さ(閾値)が異なる
香料化合物
●約5000種類
●一般に非水溶性でアルコール
によく溶ける

有機化合物は、炭素が原子結合の中心となる物質の総称で、無機化合物は、炭素を原子結合に含まない物質の総称。一酸化炭素、二酸化炭素、シアン化カリウムなどの簡単な構造の化合物は、炭素が主体であるが、一般に無機化合物として分類される。

香り成分の主要構成元素

1族	2族		13族	14族	15族	16族	17族	18族
H 水素								He ヘリウム
Li リチウム	Be ベリリウム		B ホウ素	C 炭素	N 窒素	O 酸素	F フッ素	Ne ネオン
Na ナトリウム	Mg マグネシウム		Al アルミニウム	Si ケイ素	P リン	S 硫黄	Cl 塩素	Ar アルゴン
K カリウム	Ca カルシウム							

27 におい感覚に影響する香り成分の性状

香りの物理化学的特性

香料は、通常の生活環境の温度において大多数が透明の液状ですが、気化しやすい物質の中には、温度が影響するため季節により気体と液体のいずれの性状もとり得るものがあります。りんごなどのフルーツの香りを調合する場合、フレッシュな香りを表現するためにごく少量使用されるアセトアルデヒドは典型的な例になります。またバニラの主成分であるバニリンのように、常温で固体のものもあります。

固体の香料でもにおいがするのは、香料成分が気化する性質を持っているからです。気化するためには、物質の分子量が一般的に約300以下の有機化合物であることが条件になります。

固体の香料は、他の液体物質に混合して溶解させます。一般的な香料の溶剤であるエタノール、エチレングリコール、プロピレングリコール、グリセリン、DPG（ジプロピレングリコール）、ヘキシレングリコール、トリエチルシトレート、ベンジルベンゾエート、ジエチルフタレート、メチルアビエテート、アビトール、イソプロピルミリステートなどに溶解して使用されます。

香料は一般的に油性を示すことから引火性が強く、主に消防法における危険物第四類（引火性液体）に該当し、多くの量を取り扱う場合は火気の厳重注意や貯蔵所として消防署の許認可が必要になります。

ところで、色には色相、明度、彩度といった3つの属性があり、音にも音色、音量、音程といった3つの要素がみられます。香りにも、におい感覚に影響する香調、持続性、強度といった3つの属性があります。

「香調（36項）」とは、シトラス、フローラルなどの香りの種類を表す分類のことです。「持続性」には香りの揮発速度が関係しますが、速い順に、トップノート、ミドルノード、ベース（ラスト）ノートと呼ばれています（35項）。また、良い香りでも強すぎて不快に感じられてしまうことがあるように、香りは「強さ」により、異なった印象になることがあります。

要点BOX

- ●固体の香料は他の液体物質に混合して溶解
- ●におい感覚に影響する3属性

香料の特性

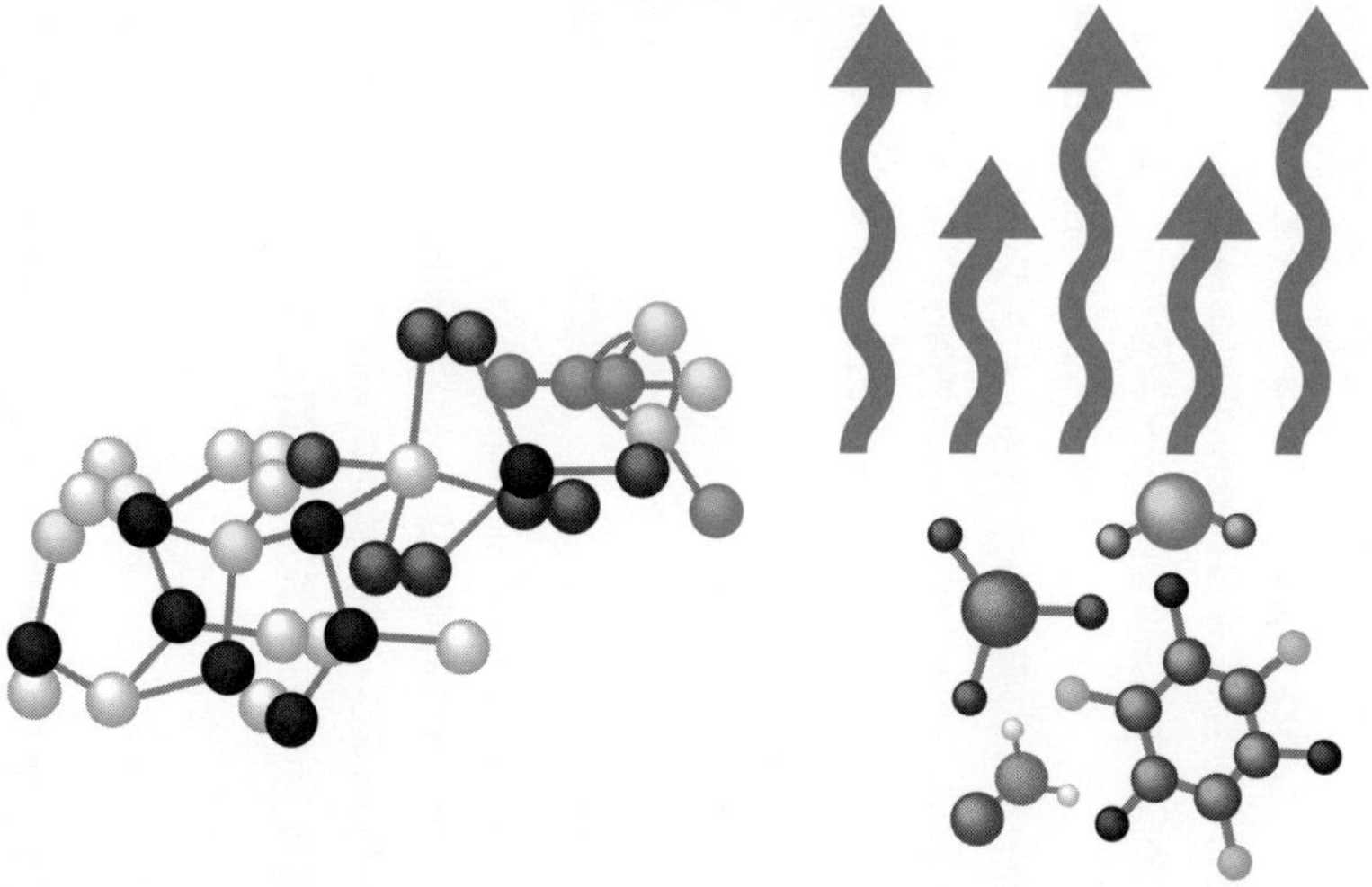

分子量が大きいと気化し難く、分子量が小さいと気化し易い

固体香料の使用方法

固体香料

合成香料のバニリン(バニラビーンズなどに含まれ天然に存在)

溶剤

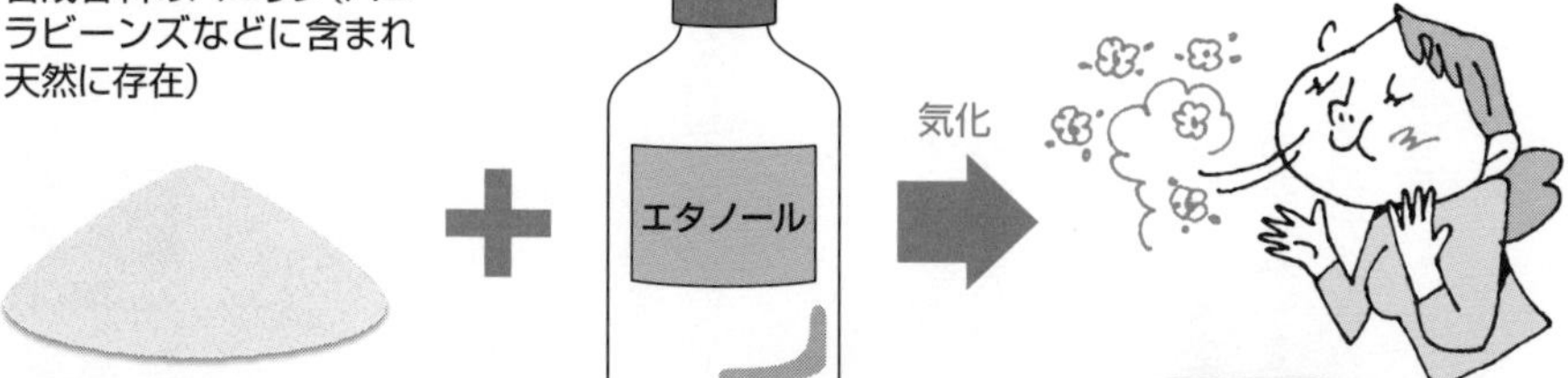

白色～わずかに薄い黄色の粉末

など

よく香る

※溶剤によっては保留効果があり、香り立ちが悪くなる場合もあり得る。また、溶剤も微妙ににおいがある。

28 においの強度表現

物理的強度と感覚的強度

香りの強度表現には物理化学的特性による「物理的強度」と、嗅覚が刺激された結果生ずる感覚的特性による「感覚的強度」の2つの強度表現があります。

物理的強度には、濃度、拡散性、保留性（持続性、残留性）、揮発性（蒸散性）、蒸気圧などがあります。

「濃度」については、一般的なグラム、モル濃度、%などの単位で表わされるほか、におい物質が空気中に蒸散した状態の濃度を表わすにはppm（百万分の一）などの単位がよく使われます。一定条件下で気相中のにおいを徐々に希釈して、においとして感知できなくなった点を測定し、希釈倍率や閾値として数値化するのも表現方法の1つです。

「拡散性」は、一定条件下で特定の距離までにおいが到達するのに要する時間または特定時間内ににおいが届く距離を測定して数値化する方法です。

「保留性（持続性、残留性）」は、一定条件で一定量のにおい物質が発するにおいを、人が感じられなくなるまでの時間を測定して数値化します。

「揮発性（蒸散性）」は、一定条件下で一定量のにおい物質がなくなるまでの時間、または一定時間内に減少するにおい物質の量を測定して数値化します。

「蒸気圧」は、液相あるいは固相にある物質と平衡状態になるようなにおい物質の気相の圧力のことで、物質特有の物性値になります。

感覚的強度には、臭気強度、臭気指数などがあります。臭気強度の代表的な表し方に、人の強さ感覚を6段階で数値化した「6段階臭気強度表示法」があります。0を無臭、5を強烈なにおいとして、においの強さの程度を数値化したものです。

臭気指数は、臭気濃度（そのにおいを無臭空気で薄め、においが感じられなくなった希釈倍数）を指数尺度のレベルで表示したもので、数値の大きさの差異が感覚的強度の大きさの差異と同程度になるように臭気濃度を対数表示したものです。

要点BOX

- 物理的強度には濃度、拡散性、保留性、揮発性、蒸気圧などがある
- 感覚的強度は、6段階臭気強度表示法で数値化

6段階臭気強度尺度

0	無臭
1	やっと感知できるにおい(検知閾値)
2	何のにおいかがわかる弱いにおい(認知閾値)
3	らくに感知できるにおい
4	強いにおい
5	強烈なにおい

臭気指数の測定方法(三点比較式臭袋法)

におい袋(3リットル)を3つ用意
すべて活性炭を通した無臭の空気で満たす

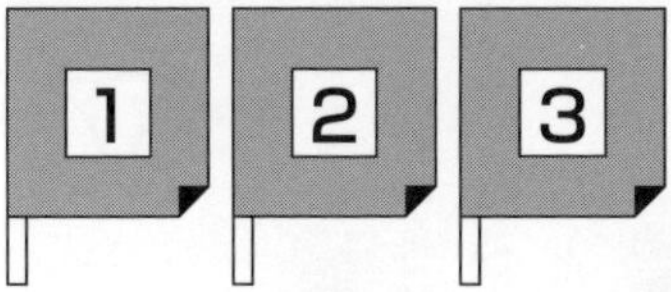

1つの袋に、におい試料を注入

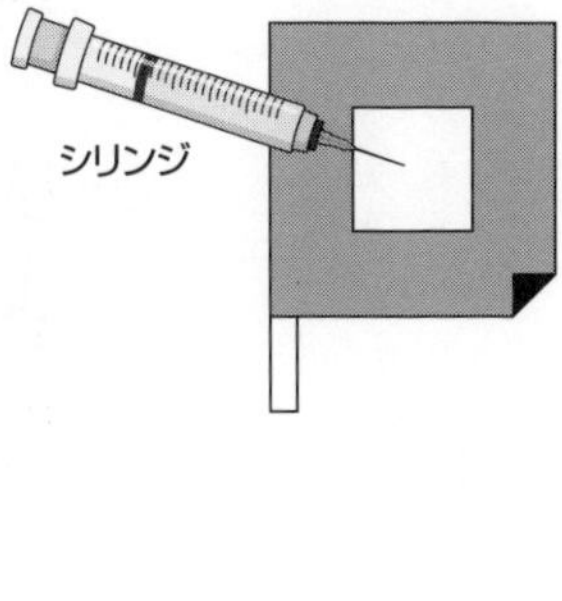

3つのうち1つは有臭、2つは無臭
6名以上のパネルによる評価

①パネルは3つの袋の内、どの番号の袋ににおい試料が入っているか回答する。
②正解の場合、におい試料の注入量を減らし、同様の試験を実施する。
③不正解になるまで試験を繰り返す。

におい試料の臭気指数の算出

①各パネルにおいて、正解と不正解のにおい試料の希釈倍数の対数値の平均を求める。
②6名以上のパネルのうち最大値と最小値を除き、全体の平均値を求める。
③平均値を10倍にしてにおい試料の臭気指数を求める(1未満の端数を四捨五入)。

※臭気指数=10 x log (臭気濃度)

29 香料の濃さで香りが変化する

希釈した時の香りの変化

良い香りの香水でも、濃度が濃くなると嫌悪感があり、また、悪臭物質でも濃度が薄ければ、良い香りに感じられることがあります。においの感じ方には、においの濃さと質の関係が関わっています。

香りを構成する香料には、濃度が濃い状態であると嫌なにおいでも、薄めると有用なものが多数あります。香料には天然香料と合成香料があり、さらに天然香料は植物性香料と動物性香料に分類されます（19項）。

「植物性香料（21項）」は、元の植物らしい馴染み深い香りが感じられます。一方、「動物性香料（20項）」は、独特の動物臭が強く、そのままでは不快なにおいに感じられることがあります。しかし、薄めると何とも言えない温かみのある心地よい香りに変化します。

「合成香料（25項）」は、天然香料の中に含まれる個々の芳香成分を単離したものや、化学合成して人工的に作られた香料などがあります。これらの合成香料は物質的には単体に近いものが多く、天然香料と比較すると香りが個性的で、物質名がわかってもその香りをイメージし難いものが多く存在します。

例えば、インドールやスカトールは、実際に花の香りの成分であるため重要な香料ですが、濃度が濃い状態では不快な糞臭がします。薄めるとジャスミンやクチナシなどの花のような香りが感じられ、濃度によって違う香りに感じられるため、香りをイメージし難い香料と言えるでしょう。また、デカナールやウンデカラクトンは、濃い状態ではいずれも油っぽいにおいですが、デカナールは薄めるとオレンジの香りに、ウンデカラクトンはピーチの香りに感じられます。

天然の香り成分には、存在量としては極微量でも、その花の香りや食べ物の香味の特徴に非常に深く関わっているものも多くあります。これらは微量の重要な香り成分としてフレーバーやフレグランスの創香に有効に活用されています。

要点BOX

- ●動物性香料は独特の動物臭、薄めると心地よい香りに変化
- ●濃いと不快でも微量使用して有効活用

香りがイメージし難い香料

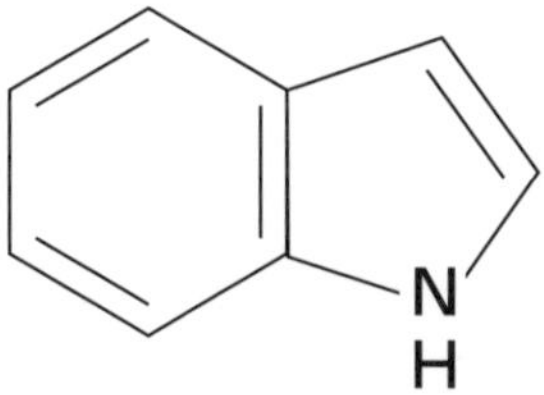

インドール

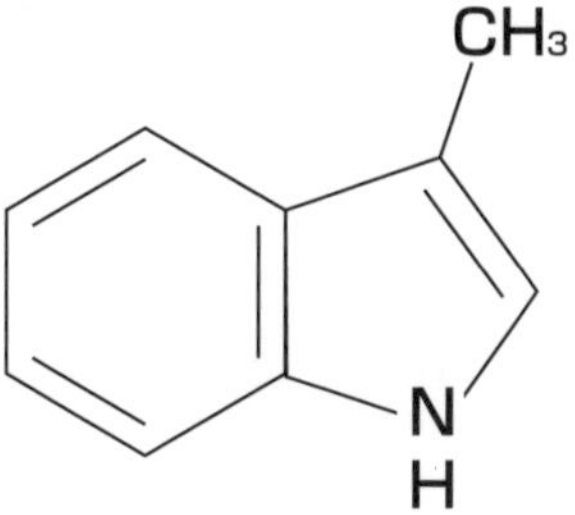

スカトール

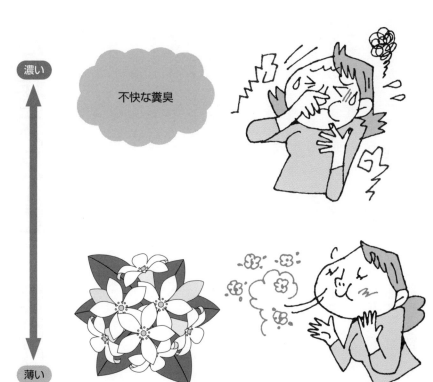

濃い

薄い

不快な糞臭

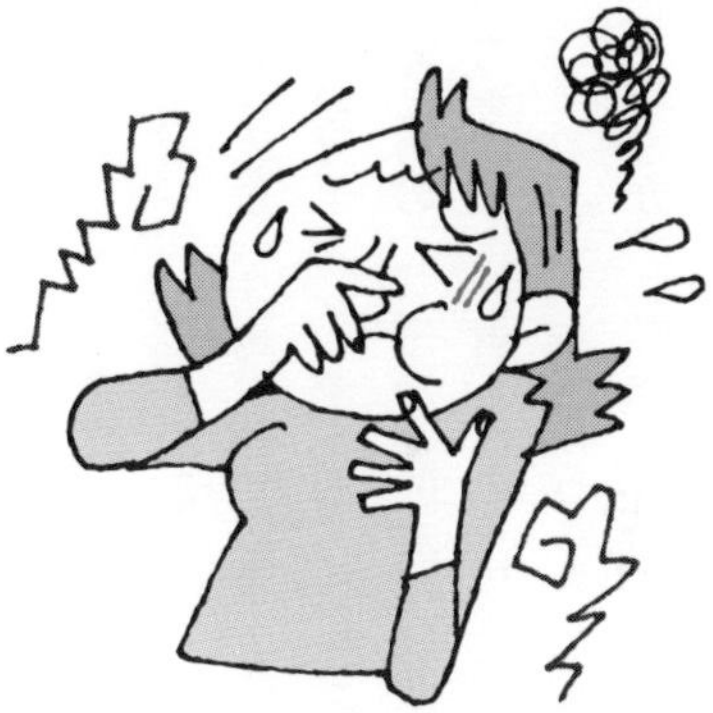

お花のようなにおい

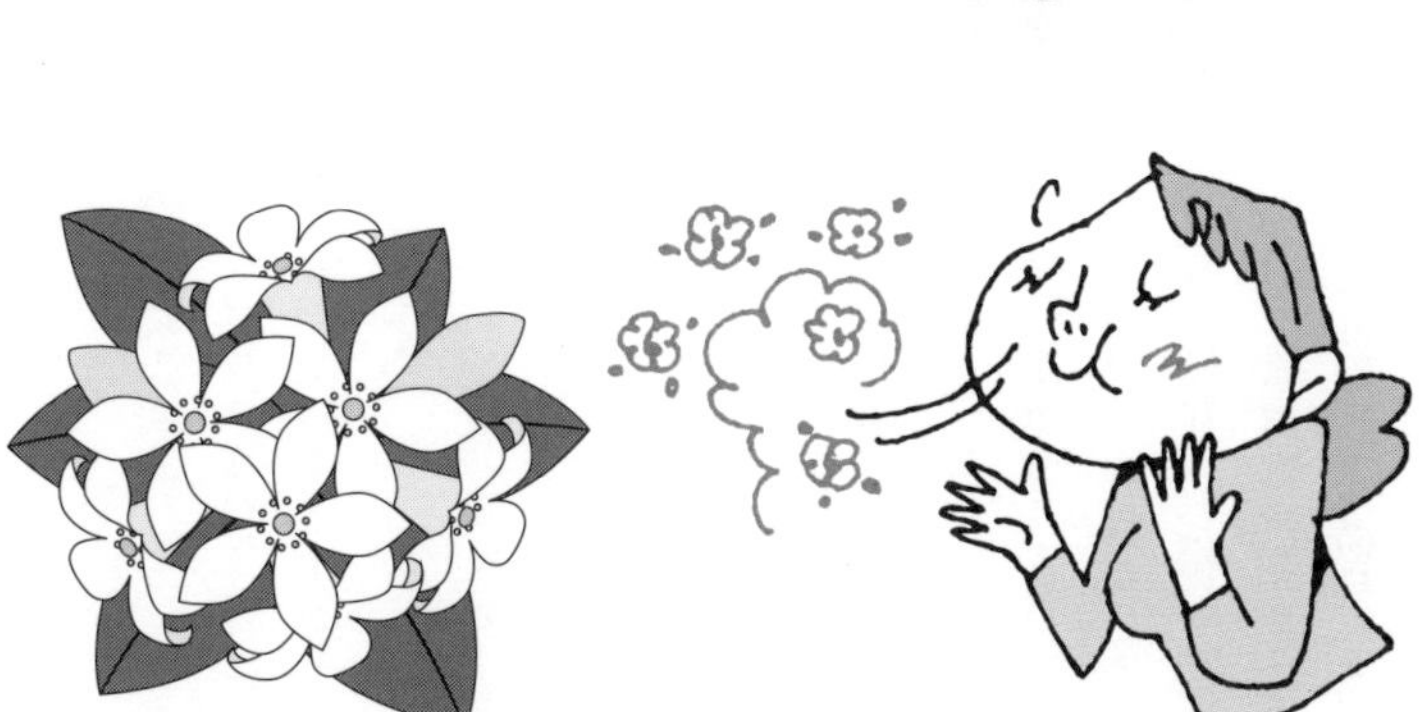

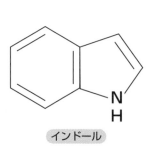

30 炭素数が増えると香りがなくなる？

親水性・親油性のバランスと香りの関係

私たちがにおいを感じるためには、空気中に気化したにおい分子が存在し、鼻呼吸によりにおい分子が鼻腔内を通過し、嗅細胞の嗅覚受容体にキャッチされなければなりません。におい分子が一定の揮発性を持つには、基本的に沸点が300℃以下程度で、分子量が300以下の比較的小さい分子であることが必要です。

嗅細胞は乾燥して細胞が壊れないように嗅粘液に覆われています。嗅覚受容体ににおい分子を受容させてにおい感覚を発現させるためには、嗅覚受容体が応答する最低限の物質量（閾値分子数）のにおい分子を嗅粘液に溶解させる必要があります。そのためににおい分子の性質は、親油性、親水性の両方を持つことが必要になります。

におい分子はこのような必要条件を満たし、かつ分子全体の極性に影響を及ぼす官能基があまり多くなく、親水基と親油基のバランスのとれた条件を満たした化学構造を持つことが必要になります。

におい分子の両親媒性が重要である端的な例としては、親水性が高い無機化合物の大部分はほとんど無臭であることなどがあげられます。

有機化合物のアルコールやカルボン酸の同族体においては、一価のエタノールや酢酸ではにおいが強く感じられますが、多価であるエチレングリコール、グリセリンあるいはリンゴ酸や酒石酸では親水性が高くなり、においが弱くなるかなくなります。また逆に親油性の高い飽和炭化水素の場合にも、においは弱くなります。

例えば、低級脂肪族カルボン酸は汗臭や蒸れたような酸敗臭や腐敗臭があり、特に炭素数4〜6は閾値も低く（比較的低濃度でもにおう）、不快なにおいが感じられます。炭素数が8程度になると相対的ににおいが温和で香調も様々となり、炭素数がさらに大きくなるとにおいは弱くなり、炭素数が12のn-ドデカン酸では無臭となります。

要点BOX
- ●におい分子の性質は、親油性と親水性の両方を持つことが必要
- ●親水性・親油性が強いと、においは弱くなる

においが弱くなる条件

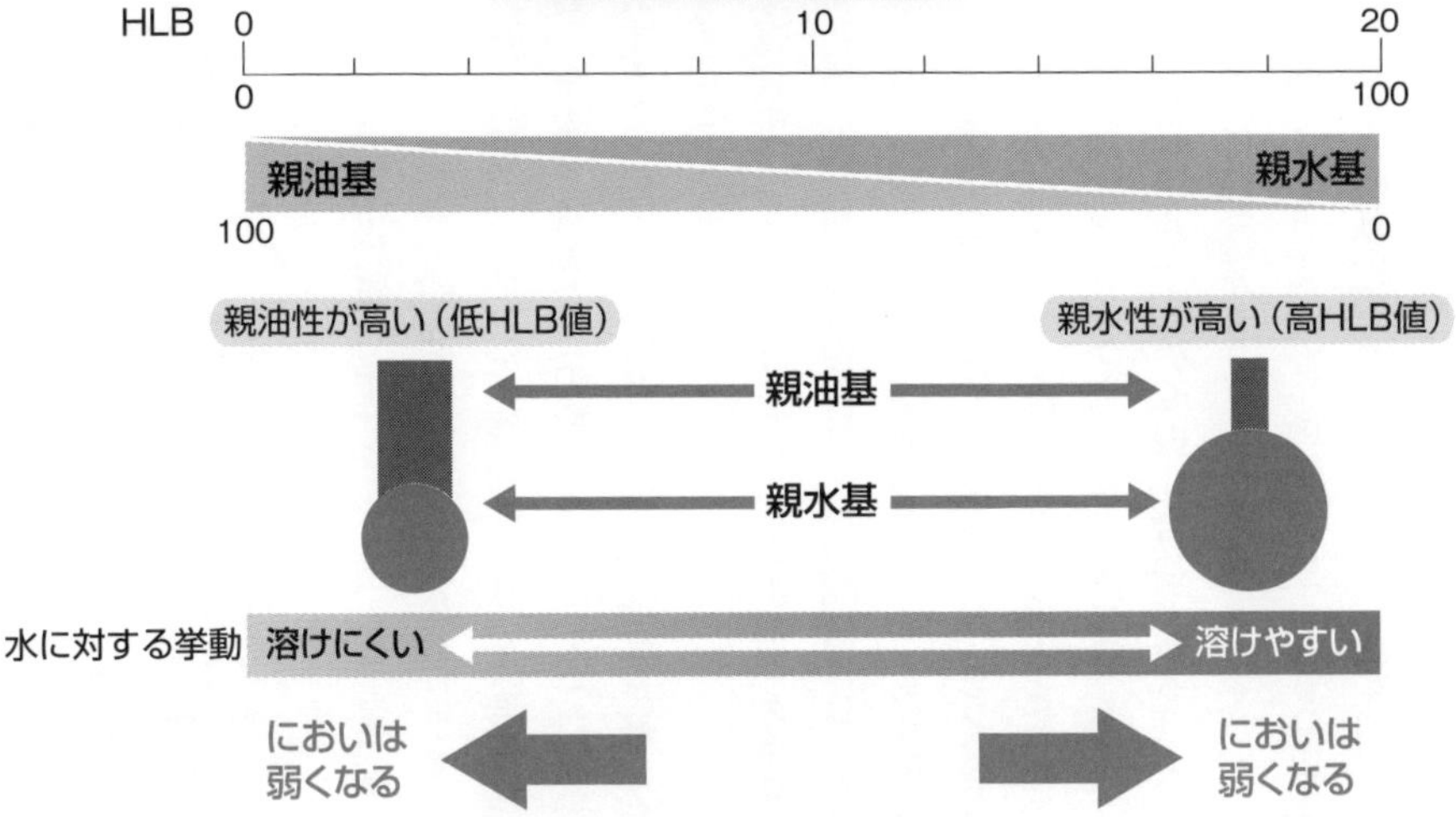

代表的な脂肪酸の香り

脂肪酸	香気	閾値(ppb)	沸点(°C)	分子量
酢酸(C2)	お酢様刺激臭	6	118	60.05
n-プロピオン酸(C3)	お酢様刺激臭	5.7	141	74.08
n-酪酸(n-ブタン酸)(C4)	汗臭、ギンナン臭、腐敗臭	0.19	164	88.11
n-吉草酸(n-ペンタン酸)(C5)	蒸れた靴下臭	0.037	186	102.13
iso-吉草酸(C5)	チーズ臭、蒸れた靴下臭、加齢口臭	0.078	175	102.13
n-カプロン酸(n-ヘキサン酸)(C6)	特有の腐敗脂肪臭(ヤギの体臭)	0.6	205	116.13
n-ヘプタン酸(C7)	甘酸っぱい脂肪様不快臭		223	130.19
n-カプリル酸(n-オクタン酸)(C8)	甘いミルク様、脂肪臭		237	144.21
フェニル酢酸(C8)	甘く持続性のある蜂蜜様香気	1.3	266	136.15
n-ペラルゴン酸(n-ノナン酸)(C9)	ナッツ様脂肪香気		268	158.24
フェニルプロピオン酸(C9)	弱いバルサム香気		280	150.18
ゲラン酸(ゲラニオールの酸化物(C10))	ウッディノートを伴ったグリーン・フローラル香気		250	168.23
n-ドデカン酸(C12)	無臭	ー	176/2.0kPa	200.32

用語解説

極性：原子間の結合や分子内で、電荷の分布が正・負それぞれに偏ること
HLB：界面活性剤の水と油への親和性の程度を表す値

31 炭化水素にヘテロ原子の導入効果

　においを感じる物質の条件としては、分子量、沸点、官能基、親水基と親油基のバランスがあります（26、27、30、32項）。さらに、親油性の高い炭素骨格に、酸素、窒素、硫黄などの親水性の高いヘテロ原子を導入することにより、においの強さや種類が著しく増大することがわかっています。

　単環状モノテルペンの基本骨格の1つであるd-リモネンは、弱い柑橘様の香りを持ち閾値は0・44ppmですが、酸素原子が1つ導入されたℓ-カルボンは、スペアミント様の香りを示し、閾値は0・022ppmと20分の1の値となり、酸素原子が導入されたことにより約20倍においが強くなったことになります。

　また、青葉アルコールの関連化合物であるn-ヘキシルアルコールは閾値が6ppbと低濃度ですが、元の炭化水素であるn-ヘキサンの閾値は1・5ppmです。酸素を含む水酸基の導入によりn-ヘキシルアルコールは、n-ヘキサンの250倍においが増強されたことになります。

　同じ含酸素化合物でもn-ヘキシルアルデヒド（閾値：0・28ppb）やn-カプロン酸（閾値：0・6ppb）は、n-ヘキシルアルコールより閾値が10分の1以下となり、ここではアルデヒド基の導入が最もにおいを増強する結果になっています。

　ヘテロ原子を有する官能基を持つにおい分子の種類として、含酸素分子ではアルコール、エーテル、アルデヒド、ケトン、カルボン酸、ラクトン、エステル、アセタール、ケタールおよびエポキシドなどがあります。また、含硫化合物や含窒素化合物には、非常に多くの骨格や官能基があり、一般的に酸素や炭素を硫黄や窒素で置き換えると、においが著しく増強され刺激的になる傾向があります。

　一般的な悪臭物質に含硫化合物や含窒素化合物が多いのは、においが著しく増強されることに関係していると思われます。

要点BOX
- ●ヘテロ原子導入により強さや種類が増大
- ●含硫化合物や窒素化合物は、においが著しく増強

テルペン

形式上2つ以上のイソプレン単位（C_5）から構成されており、イソプレン単位の数に応じて、以下のように呼ばれる。

モノテルペン（C_{10}）、セスキテルペン（C_{15}）、ジテルペン（C_{20}）など

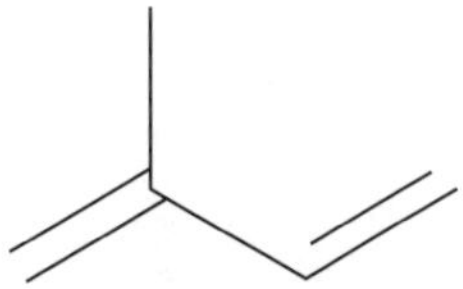

イソプレン

炭化水素と対応した含酸素化合物の閾値の比較

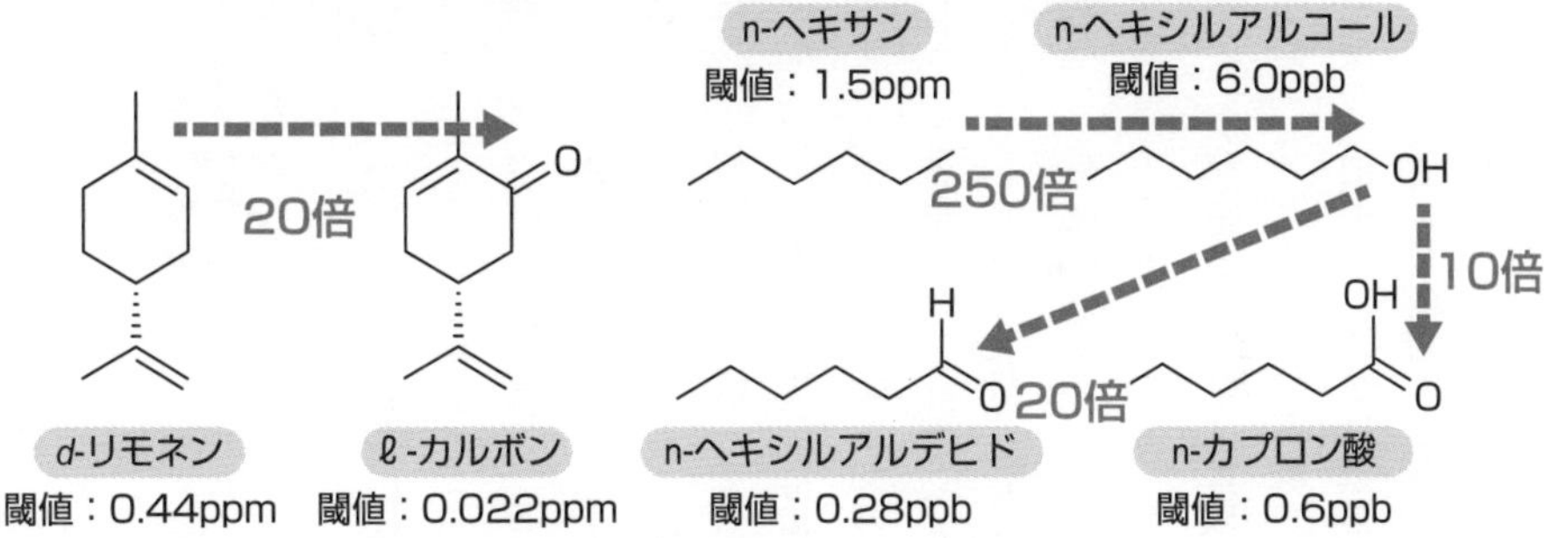

※1ppm = 1000ppb

香り成分の主要構成元素

ヘテロ原子：分子構造中に含まれる炭素と水素以外の原子のこと

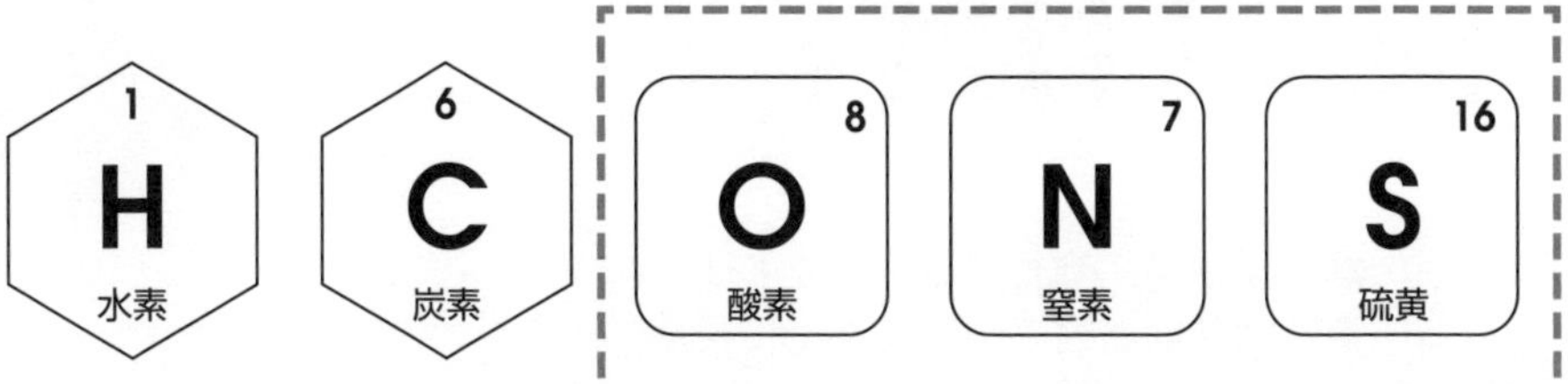

32 官能基で香りが決まる？

においの物質の化学構造とにおいとの関係性について原則はありませんが、構造が類似した化合物が同系統のにおいを持つ場合も多く、結合状態や官能基とにおい特性の関係がいくつか知られています。

不飽和度が高まるとにおいが強くなる傾向があり、香料化合物は特に二重結合を持つものが多くみられます。また、分子内に水酸基が1個の時ににおいが強く、一般的にはみずみずしい香りで甘さとフローラル感が感じられます。

アルデヒドやカルボン酸は、アルコールよりにおいが強く刺激的となります。特に炭素数4〜6の低級脂肪族カルボン酸は閾値が低く、汗臭や蒸れたような酸敗臭、腐敗臭が強く感じられます(30項)。

カルボン酸とアルコールとの脱水縮合反応で得られるエステルで、低級アルコールと低級カルボン酸から得られるものは一般的にフルーティーな香りで、炭素数が増すとフローラルな香りが強くなる傾向があります。

ラクトンは天然物には環の大きさが5員環(γ-ラクトン)と6員環(δ-ラクトン)の構造のものがあり、ナッツ様、ミルク様、甘さのあるフルーツ様、フローラル様などの特徴を示すものが多くみられます。

ケトンでは、RとR'の分子の大きい方の香りの特徴が出る傾向にあります。

メチル基やエチル基などで置換されたエーテル化合物は、一般的に元のアルコールより軽くて拡散性のある香りになる傾向があります。

アルデヒドやケトンとメタノールやエタノールなどの低級一価アルコールとの反応で生成する鎖状のアセタールやケタールは、もとのアルデヒドやケトンの香りの特徴を基本的に反映する傾向にあります。

このほか、含硫、含窒素化合物については、分子構造中に硫黄や窒素が含まれることにより、においが著しく増強されたり変化することがわかっています(31項)。

要点BOX

●化学構造の類似で同系統のにおい
●結合状態と官能基でにおいに特徴

結合状態や官能基とにおい特性の関係

種類	特徴
不飽和結合(R-C=C-R')	不飽和度(二重結合、三重結合の数)が高まると、においが強くなる傾向
アルコール(R-OH)	分子内に水酸基(−OH)が1個の時ににおいが強く、2個以上になると劇的に強度が低下 一般的にはみずみずしい香り
アルデヒド(R-CHO)	アルコールより相対的に閾値が低く、低濃度でもにおいを感知 においが強く刺激的
カルボン酸(R-COOH)	特に炭素数4〜6の低級脂肪族カルボン酸は、汗臭や蒸れたような強い酸敗臭や強い腐敗臭
エステル(R-COO-R')	一般的にフルーティーな香りを示し、炭素数が増すとフローラルな香りになる傾向
ラクトン(R-COO-R') ※RとR'は結合している	5員環(γ-ラクトン)と6員環(δ-ラクトン)構造があり、フルーティー、フローラルなどの特徴的な香り
ケトン(R-CO-R')	RとR'の分子の大きい方の香りの特徴が出る傾向
エーテル(R-O-R')	一般的に軽くて拡散性のある香りになる傾向
アセタール、ケタール	もとのアルデヒドやケトンの香気特徴を基本的に反映する傾向
含硫、含窒素化合物	一般的に酸素や炭素を硫黄や窒素で置き換えると、においが著しく増強され、刺激的になる傾向

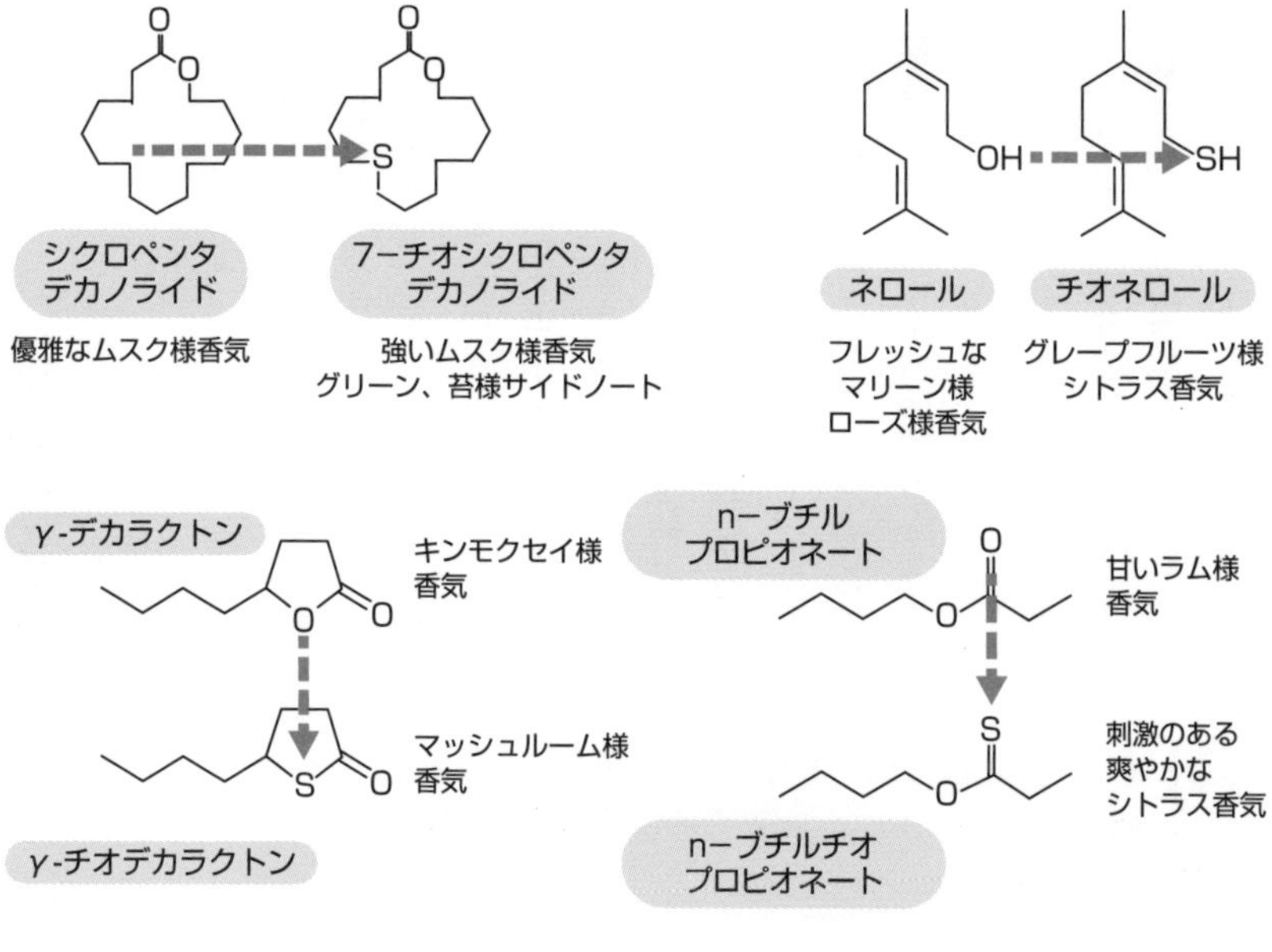

33 分子骨格が似ていると香りも類似？

分子骨格と香り

官能基や部分構造は共通でなくても、分子全体の形が等しいことで、共通の香りの種類を持つ物質があります。例えば、官能基は異なりますが共通のフローラルノートである化合物（アセトフェノン、フェニルエチルアルコール、フェニルアセトアルデヒド、シクロヘキシルエチルアセテートおよびシクロヘキシルアセトアルデヒド）は、共通骨格として環状C_6＋鎖状C_2の分子骨格を持ち、この骨格がフローラルノートの発現に寄与していると考えられています。

かご型縮合環構造を持つモノテルペン二環性化合物（カンフェン、カンファー、ボルネオール、フェンコール、シネオール）は、共通した香りの特徴として非常に拡散性が強く、清涼感を伴った樟脳様の香りの要素があります。これらの化学構造を比較すると、カンフェンは炭化水素、カンファーはケトン、ボルネオールとフェンコールはアルコール、シネオールは分子内エーテルですが、官能基の影響よりもリジッドな（固定された）立体的骨格の共通性が、共通の香りの種類の発現要因になっていると考えられています。

化学構造と香りの関係については、近年、医薬品開発などで用いられている3次元のコンピューターグラフィックによる構造活性相関の手法（化学構造が類似している化合物の香りについて予測する方法）を取り入れた研究がみられます。特に、分子の立体構造が重要となるサンダル系やアンバー系などの新規香料開発に効果を発揮しています。現在使用されているスペシャリティ香料（香料会社が独自に開発した特徴的な香料）の中には、構造活性相関の手法を用いてデザインされた新しい香料が相当数あります。

例えば、アンバー様の香りと化学構造の関係に関する研究では、アンバーグリス（龍涎香）の鍵成分であるアンブロキサンの類縁化合物を合成し、新規のアンバー様香料（ティンベロール、ノルリンバノールデキストロ）が開発されています。

要点BOX
- 分子全体の形が似ていると香りは類似
- 構造活性相関の手法で新規の香料開発

環状C_6+鎖状C_2骨格化合物とフローラルノートとの関係

官能基：ケトン

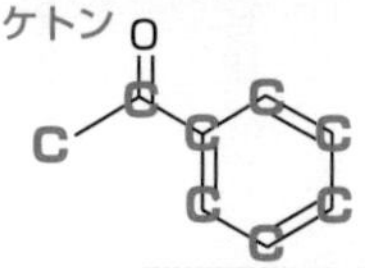

アセトフェノン

官能基：アルコール

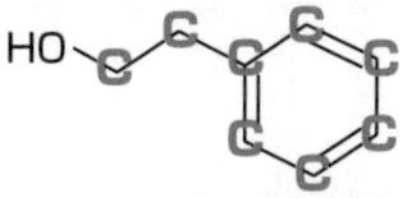

フェニルエチルアルコール

官能基：アルデヒド

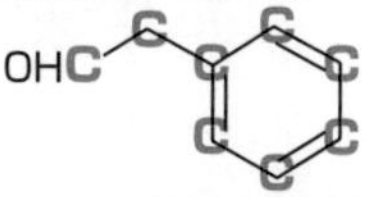

フェニルアセト
アルデヒド

基本的に
フローラル
ノートをもつ

官能基：エステル

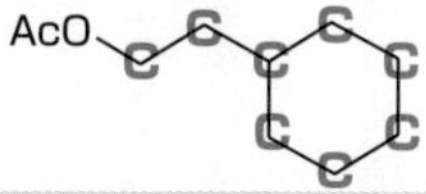

シクロヘキシルエチルアセテート

官能基：アルデヒド

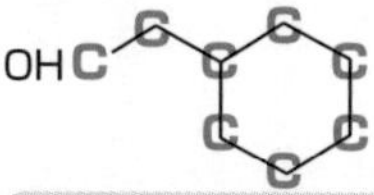

シクロヘキシルアセトアルデヒド

かご型縮合環構造のモノテルペン二環性化合物

官能基：
なし（炭化水素）

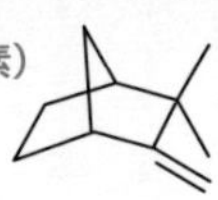

(−)−カンフェン

官能基：
ケトン

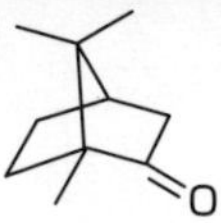

(+)−カンファー

官能基：
アルコール

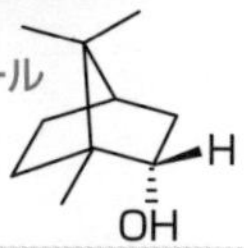

(+)−ボルネオール

基本的に
清涼感を伴った
樟脳様の
香り要素がある

官能基：
アルコール

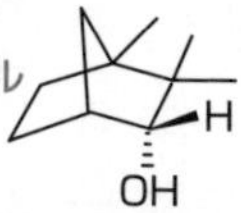

(+)−フェンコール

官能基：
エーテル

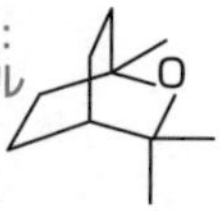

1,8−シネオール

アンブロキサン類縁化合物の立体化学と香気

アンブロキサン：アンバーグリス（マッコウクジラの腸内結石）の特徴成分

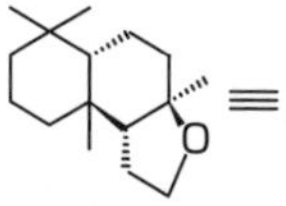

≡

アンブロキサン

化学構造が類似

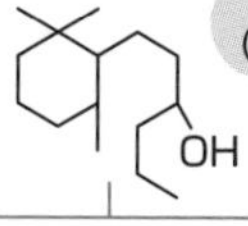

ティンベロール
（ラセミ体、シス体リッチ）

マイルドでアンバー様
ウッディ香気

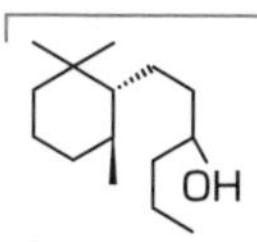

トランス−(1R,6S)

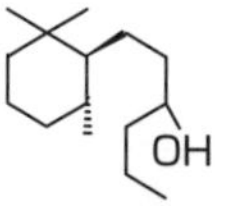

トランス−(1S,6S)

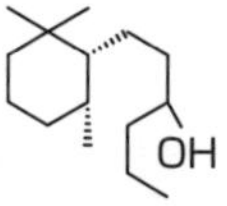

シス−(1R,6R)

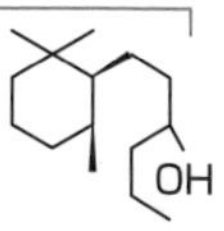

シス−(1S,6S)

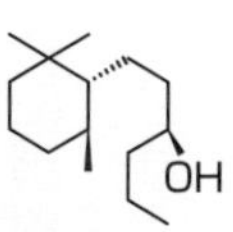

主香成分

ノルリンバノールデキストロ
(1R,6S)

鋭く拡散性のある
アンバー様香気

アンブロキサンの類縁化合物：ティンベロール、ノルリンバノール

用語解説

サンダル：白檀の木の香り
アンバー：アンバーグリス（マッコウクジラの腸内結石）の香りを基本としたアニマル系の香り

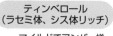

34 同じ組成式でも異なる構造の化合物は香りも違う

香料化合物の異性体と香り

同じ組成式でも異なる構造を持つ化合物は異性体と呼ばれ、香りが大きく異なる場合があります。異性体は大きく分けて「構造異性体」と「立体異性体」に分類されます。

「構造異性体」とは、同じ組成式を持っていて、原子の結合の仕方が異なる異性体のことです。例えば、同じ組成式$C_{10}H_{18}O$を持つ5種のモノテルペン化合物は、いずれも構造異性体になります。モノテルペンアルコールであるネロール（鎖状化合物）とイソプレゴール（環状化合物）のように、骨格が異なるもの（骨格異性体）や、ネロールとリナロールのように官能基（この場合は水酸基）の位置の異なるもの（位置異性体）、あるいはネロールとシトロネラールやメントンのように官能基の種類（この場合は水酸基、アルデヒド基およびケトン基）が異なるものなどがあります。一般的に、構造異性体間の物理定数や化学的性質、においなどはすべて異なる性状を示します。

「立体異性体」とは、分子を構成する原子の結合の順序は同じですが、それらの立体的配置が異なる異性体であり、大きく「立体配座異性体」と「立体配置異性体」に分類されます。

「立体配座異性体」は、単結合の回転に伴う原子配列の違いによる異性体であり、シクロヘキシルプロパン酸アリルでは2つの立体配座異性体が存在します。

「立体配置異性体」は、鏡像異性体（分子内にある原子あるいは官能基間の距離は同じ）と、それ以外のジアステレオマーと呼ばれる異性体（分子内にある原子あるいは官能基間の距離が異なる）に分類されます。

ハッカなどに含まれ、爽やかでスーッとする香りを持つメントールは、8個のエナンチオマー、ジアステレオマーがある化合物で清涼感のある香りがするのはℓ-メントールです。

要点BOX
- ●同じ組成式で原子の結合の仕方が異なる構造異性体
- ●立体配置異性体はエナンチオマーとジアステレオマーに分類

モノテルペン化合物(組成式:$C_{10}H_{18}O$)の構造異性体の物性と香り

化合物の組成は同じ
●炭素 10個
●水素 18個
●酸素 1個

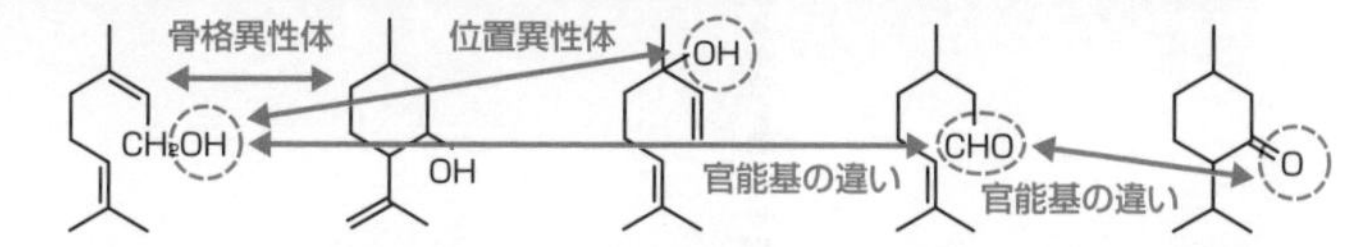

		ネロール	イソプレゴール	リナロール	シトロネラール	メントン
分子量は同じ	mw	154.25	154.25	154.25	154.25	154.25
物性や香りは異なる	bp(℃)	227	201	198	205	207
	d($^{20}/_{4}$)	0.872−0.883	0.911	0.858−0.867	0.750−0.858	0.888−0.895
	n($^{20}/_{D}$)	1.473−1.477	1.472	1.461−1.465	1.446−1.453	1.448−1.453
	Fp(℃)	76	78	76	90	72
	香気	ローズ様 フレッシュな マリン様	フレッシュな ハッカ様	スズランを 想起させる フローラル様	グリーン、 シトラス、ウッディ なサンザシ様	ハッカ様

シクロヘキシルプロパン酸アリルの立体配座異性体

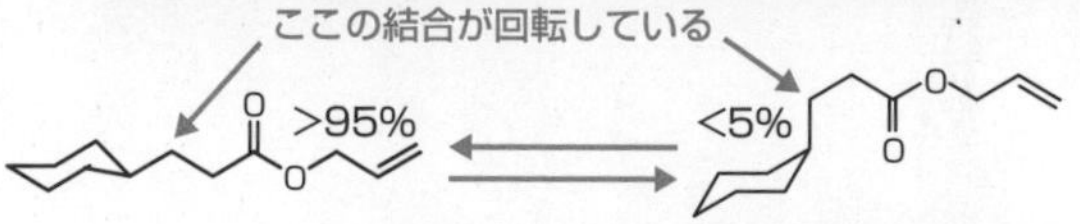

強くて甘い
パイナップル様
フルーツ香気

立体配置異性体

エナンチオマー(鏡像異性体):鏡を中心にした時に鏡像関係に**ある**
↕
ジアステレオマー:鏡を中心にした時に鏡像関係に**ない**

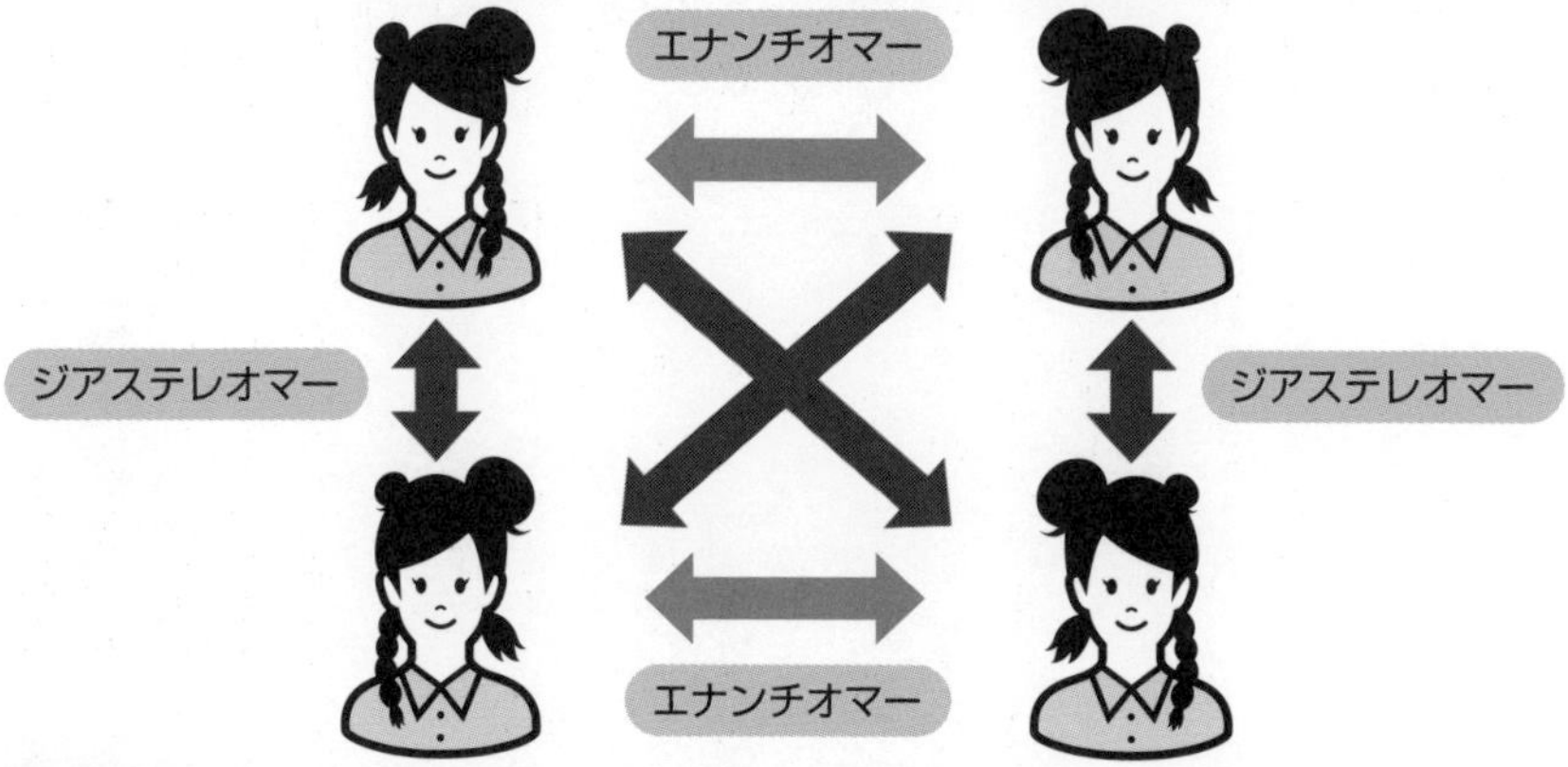

用語解説

異性体:"同じ部品で作る"を意味するギリシャ語 "isos + meros " すなわちisomer (アイソマー:異性体)

Column

冷たく感じられる香り成分－冷感物質－

夏の暑い日に、冷たい飲み物にミントの葉を浮かべて味わったり、ミントの香り付きのシャンプーやボディーソープを使ったりすることがあるのではないでしょうか。私たちは、経験的にミントの香りから冷涼感が得られることを知っていて、生活の中に取り入れているのでしょう。

ミントは、シソ科の植物で、最も代表的なペパーミントは、西洋薄荷（セイヨウハッカ）とも呼ばれ、化粧品や食品に広く使われています。アルベンシスミントは、和薄荷（ワハッカ）とも呼ばれ、ℓ-メントールを採取するために栽培されています。『日本薬局方』にもハッカ油を採取できる植物として収載されています。スペアミントは、ℓ-カルボンが6割ほどを占めており、ℓ-メントールが主成分ではないため、ペパーミントやアルベンシスミントとは性質が異なり、香りにも違いがあります。

ℓ-メントールは薬理的にも優れた冷感作用がありますが、効果が持続しにくい特徴があります。そのため、改良すべく冷感剤の開発が進められてきました。開発品を構造的に分類すると、①メントールのエステル類、②p-メンタン骨格を有するアミド類、③p-メンタン骨格を有するアルコール類、④p-メンタン骨格を持たない含窒素化合物などです。冷感強度は弱いものの持続時間が長いため、ℓ-メントールなどと併用し、冷感剤として様々な用途に使用されています。

ところで、アロマテラピーでは、手浴や湿布を用いて手軽に暑さを解消する方法が紹介されています。洗面器に水かぬるま湯を入れてペパーミント精油を1～2滴垂らします。そこに手を入れると、香りが腕を伝わって、涼しく感じるようになり、ペパーミント精油の入った水でタオルを絞った湿布を首などに当てればさらに涼しくなるというものです。

ただし、より涼しくしたいためにハッカ油やペパーミント精油を入れすぎると、寒く感じてしまったり、肌荒れを引き起こしたりすることがあるため、適量で使用するように注意しましょう。

また、市販の入浴剤は、医薬部外品の「浴用剤」に分類され、身体を温め、肌を清浄にするという効果があります。ℓ-メントールを配合した清涼タイプは、冷たい感覚を与えてくれて、入浴後の暑さを抑えてくれます。

第4章

新たな香りを創り出す

35 香料によって香る時間に差がある

香料の揮発性と香る時間

香りが揮発する速度を表現するのに、ノートという言葉を使います。柔軟剤や香水のようにいくつもの香料が合わさって創られている香りは、香料ごとの揮発速度の違いで、香りの時間変化を楽しむことができます。

最も早く揮発して香りの第一印象を決めるのはトップノートで10〜30分程度持続します。香り全体の印象を占めるのがミドルノートで、1時間〜3時間程度、香りが持続します。揮発速度が最も遅く、香りが3時間以上続くのがベース(ラスト)ノートです。このように、香りは成分によって揮発速度が異なるため、時間経過による香りの変化を楽しむことができるのです。

例えばトップノートの香調(36項)は、シトラス調やグリーン調で、構成要素はレモンやベルガモット、ガルバナムなどです。ミドルノートは、フローラル調やフルーティー調で、ローズやジャスミン、ミュゲ(フランス語でスズランの意味)、アップルやピーチなどで構成されます。ベースノートは、ウッディ調のサンダルウッドやアニマリック調のアンバーグリスやムスクなどがあげられます。

これらの揮発速度が異なる香料素材が混ざり合い、1つの香りとして成立します(38項)。1つになった香料は賦香率《ふこうりつ》(香料の配合割合)によって、香りの持続時間が異なります。賦香率が最も高い香水は、少量で香りが長持ちします。一方、オーデコロンのように賦香率が低いものは、香りが長時間残りにくいため手軽に使うことができ、ほんのりとした香りを楽しむことができます。

衣類の柔軟仕上げ剤は、本来は衣類を柔らかく仕上げるものですが、最近では香りを楽しむものにもなってきています。柔軟仕上げ剤の中には、香料をカプセル化するなどの工夫をして、洗濯後に何日も香りが持続するような設計がなされたものもあります。

要点BOX
- ●時間変化を楽しむ香り
- ●揮発速度が異なる香料
- ●柔軟剤も香水のような香り構成がある

香料の賦香率と持続時間

種類	香料賦香率（%）	持続時間	特徴と使い方
香水（パフューム）	15-30	5〜7	●少量で長く濃厚に持続する香り。 ●瓶のフタやスプレーで、耳の後ろや足首などに点で付ける。
オード・パルファム	7-15	4〜6	
オード・トワレ	5-10	3〜4	●数時間ふんわり香りが残り、香りの変化が楽しめる。 ●瓶のフタやスプレーで、線を描く様に肌に付ける。 ●衣服に付けて楽しむこともできる。（布の変色に注意）
オーデコロン	2-5	1〜2	●スプレーで肌に塗り広げるようにまとってもほんのり香る。

各香調の持続時間

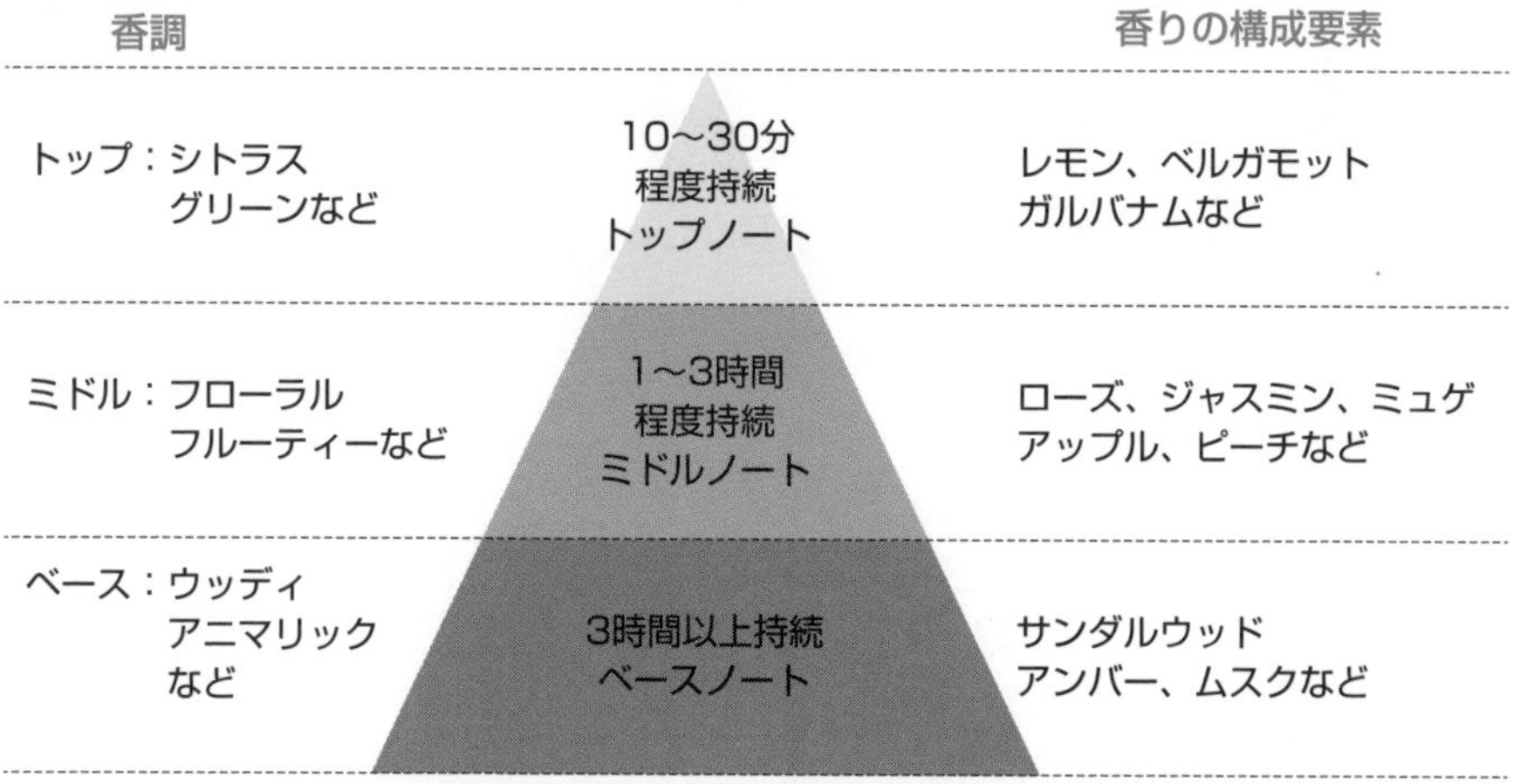

このような三角形の図は、衣類の柔軟剤にも応用され、香りの持続性を確認できる。

36 ノートって何？

香りのイメージを伝えるために「香調」という表現方法があります。香調は、香りの種類を表す分類のことです。香調には、シトラス、フローラル、アルデハイディック、グリーン、フルーティー、ハーバル、スパイシーなどがあります。

香りが揮発する速度を表現するのに、ノートという言葉を使います（35項）が、香調のことも○○ノートと呼びます。例えば、シトラスノートは柑橘系の香り、というように香りの特徴が表現されます。

どのような香りか想像するのが難しい香調に、アルデハイディックノートがあります。炭素の数が7〜12個ある脂肪族アルデヒドの合成香料です。香料そのものは、油っぽくて、良い香りではありませんが、優雅な香りの女性用香水を創るのに役立ちます。例えば、シャネルNo.5（シャネル）に使用されたことで有名です。

また、香水のイメージを全体として伝える表現として代表的なものに、シプレ調、フゼア調、オリエンタル調などがあります。

シプレ調は、ベルガモット、ローズ、ジャスミン、ウッディ、モス、アンバーを中心にした落ち着いた香りです。シプレの語源は、地中海のキプロス島（フランス語でシープル島）で創られた香りだったからと言われています。代表的な香水に、ミツコ（ゲラン）などがあります。

フゼア調は、1882年にウビガン社から発売されたフゼアロワイヤルが始まりと言われています。現在では、メンズ香水の基本となっています。ラベンダー、ゼラニウム、モス、クマリンを中心にした力強い香りです。代表的な香水として、パコ・ラバンヌ・プール・オム（パコ・ラバンヌ）があります。

オリエンタル調は、ベルガモット、バルサム、バニラ、アニマル、ウッディを中心にした甘くパウダリーな香りです。東洋からヨーロッパに伝わった香料が特徴であることからオリエンタルと言われるようになりました。代表的な香水として、シャリマー（ゲラン）などがあります。

要点BOX
- ●香りのイメージを表現するノート
- ●ノートは香りの種類を表す基本的な要素

各香調（ノート）の香りの特徴

香調（ノート）	香りの特徴と解説
シトラス	柑橘系が主体のフレッシュな香り。 レモンやグレープフルーツは爽やかで、オレンジやベルガモットは甘さもあり親しみやすい。
アルデハイディック	脂肪族アルデヒドの素材自体は、油っぽくどちらかと言えば不快なにおい。 シャネルNo.5のトップノートに使用されたことで知られる。
グリーン	若葉をちぎった時に香るような葉や茎などを思わせる香り。 トップノートの爽やかなアクセントになる。
フルーティー	柑橘以外のピーチ、アップル、メロンなどの果物を思わせる甘くて爽やかな香り。
ミンティー	いわゆるミントの香り。 ペパーミントは爽やかな中に甘さがあり、スペアミントはすっきり爽やかな印象。
ハーバル	ラベンダーやローズマリーなどの薬草の香り。 ハーブの香りの中に華やかさや力強さを感じさせる。
アロマティック	バジルやアニスなどの少しクセのある香り。 ハーバルと同じような意味で用いられることもある。
スパイシー	クローブ、シナモン、カルダモン、ペッパーなどのスパイスの香り。 香りを全体的に力強くかつ爽やかにする。
フローラル	ローズ、ジャスミン、ミュゲは三大フローラルといわれる花の香り。 複数の花の香りは、フローラルブーケと表現する。
ウッディ	サンダルウッド、セダーウッドなどの木を思わせる香り。 ヒノキやヒバなども人気がある香り。
アーシィ	パチュリやベチバーなどの土臭い香り。重い香りであり持続性が高い。
モッシィ	オークモスをはじめとする木に生えた苔の香り。 ウッディな部分もあり、香水のシプレ調に重要。
バルサミック	甘く、柔らかく落ち着いた香り。 オリエンタル調の香水に重要。
ハニー	ハチミツの甘い香り。 砂糖の甘い香りのグルマンとは異なる。
レザー	なめし皮の野生的な香り。 男性用の香水に色気を与える。
アニマリック	濃いと動物くさくて不快だが、希釈すると暖かみのある香りになる。 動物香料（ムスク、アンバー、シベット、カストリウム）の総称。
アンバー	甘くねっとりとした香り。 アンバーグリス（龍涎香《りゅうぜんこう》）だけでなく、ラブダナムも含む。
ムスキー	暖かみがあり色っぽい香り。 麝香鹿《じゃこうじか》から取れる成分のムスコンを指すが、合成香料が主流である。

37 用語を組み合わせて香りを表現

複雑な香りの表現

フレーバー、フレグランスは、複数の香り成分から構成されており、様々な香調が混ざり合っています。1つのノートとして表現することが難しい場合には、2つの用語を組み合わせて表現します。

例えば、フルーティーとフローラルを結びつけて「フルーティー・フローラル」と言ったり、ハーバルとシトラスを合わせて「ハーバル・シトラス」のように香りを具体的に表現します。この場合、主香調を表す用語が後ろに置かれ、前にある用語が形容詞として香りのアクセントを示します。つまり「アクセント・主香調」の順で表現されます。

例えば「フルーティー・フローラル」であればフルーティーノートを特徴とするフローラルの香り、「ウッディ・アンバー」はウッディノートをアクセントとするアンバーノートということになるわけです。

より細かな香調分類を行うには2つの用語を組み合わせた表現でも、十分とは言えないことがあります。特に、フローラルの香りは種類が多く、様々なバリエーションがあるため、香りをわかりやすく分類するには、さらに深く踏み込んだ香りの表現方法が必要になってきます。このような時には、ディスクリプションという手法が用いられます。

先頭の用語が主香調を示し、続いて次に大きな特徴を持つ香調の用語、その後ろにアクセント的な要素の用語のように、後ろになるにつれてその香りに含まれる要素が小さくなります。2つの用語を使った場合とは順番が異なり、主香調が先頭にくることに注意する必要があります。

例えば、「フローラル、ハーバル、レモン」の場合、主香調はフローラルで、主な特徴はハーバルであり、レモンの特徴も持つということになります。「シプレ、アルデハイディック、フルーティー、グリーン」では、シプレ調の複雑な香りに、さらにアルデハイディックなどの香調が加わることを表しています。

要点BOX
- ●2つの香調は、アクセント・主香調の順に表現
- ●香りを細かく表現する場合には、主香調・大きな特徴から順番に

2つの香調の表現

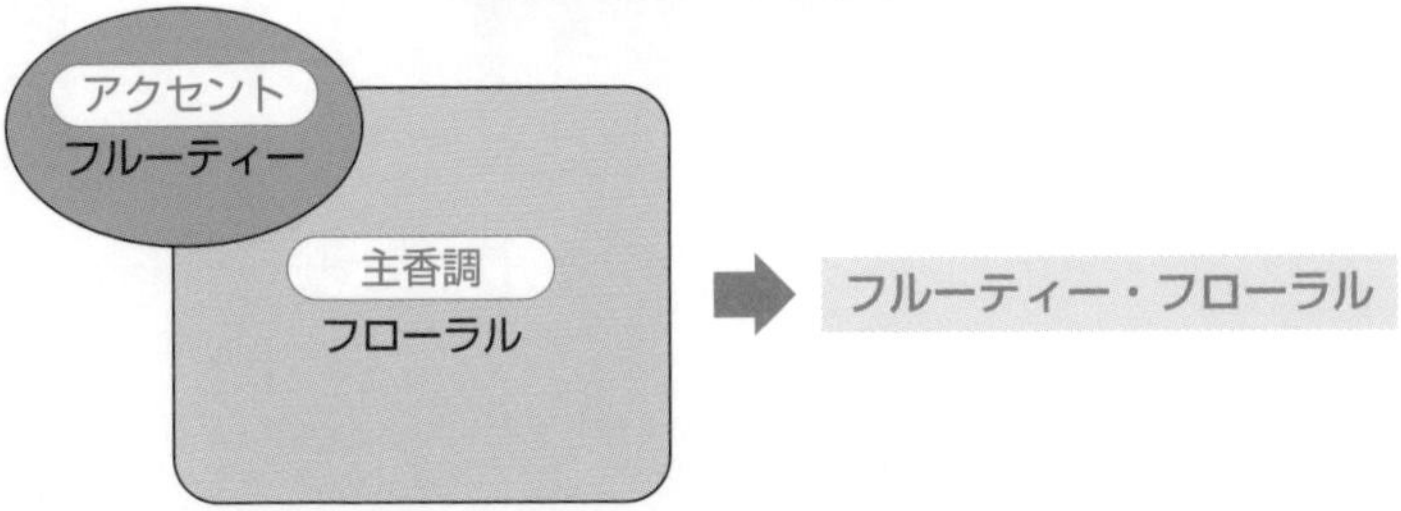

複雑な香調の表現(ディスクリプション)

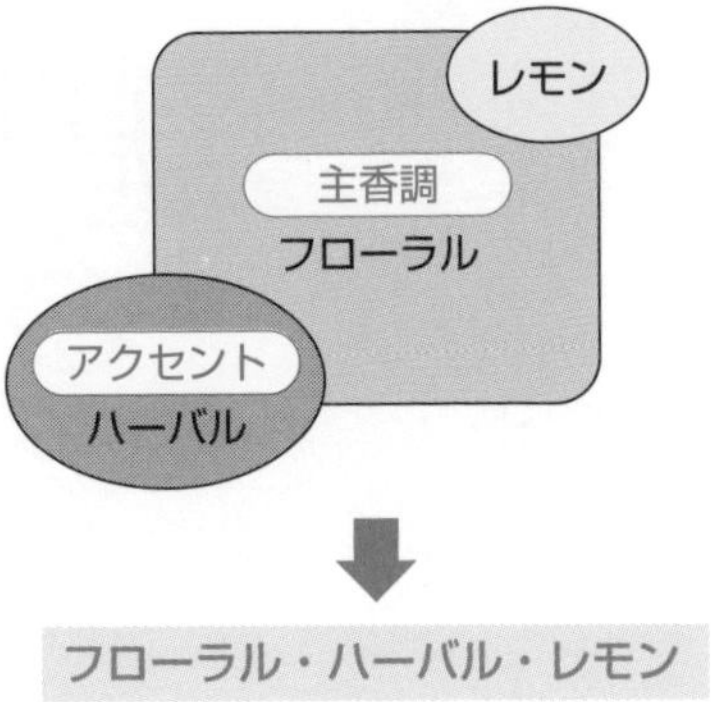

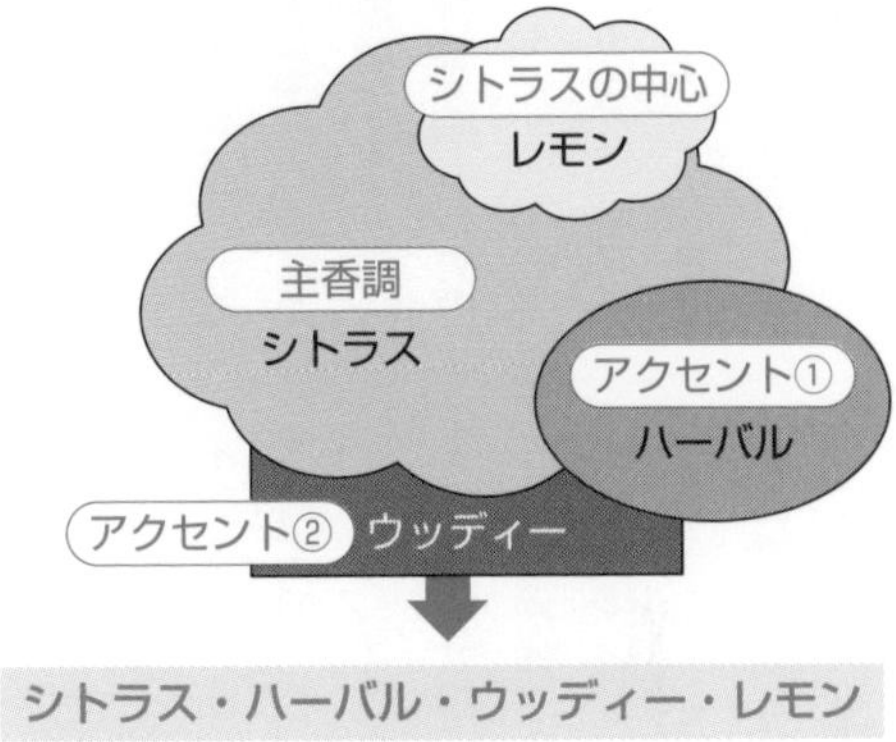

ウッディノートの効いた「ハーバル・シトラス」の香りで、主香調であるシトラスの中心はレモンであることを表している。

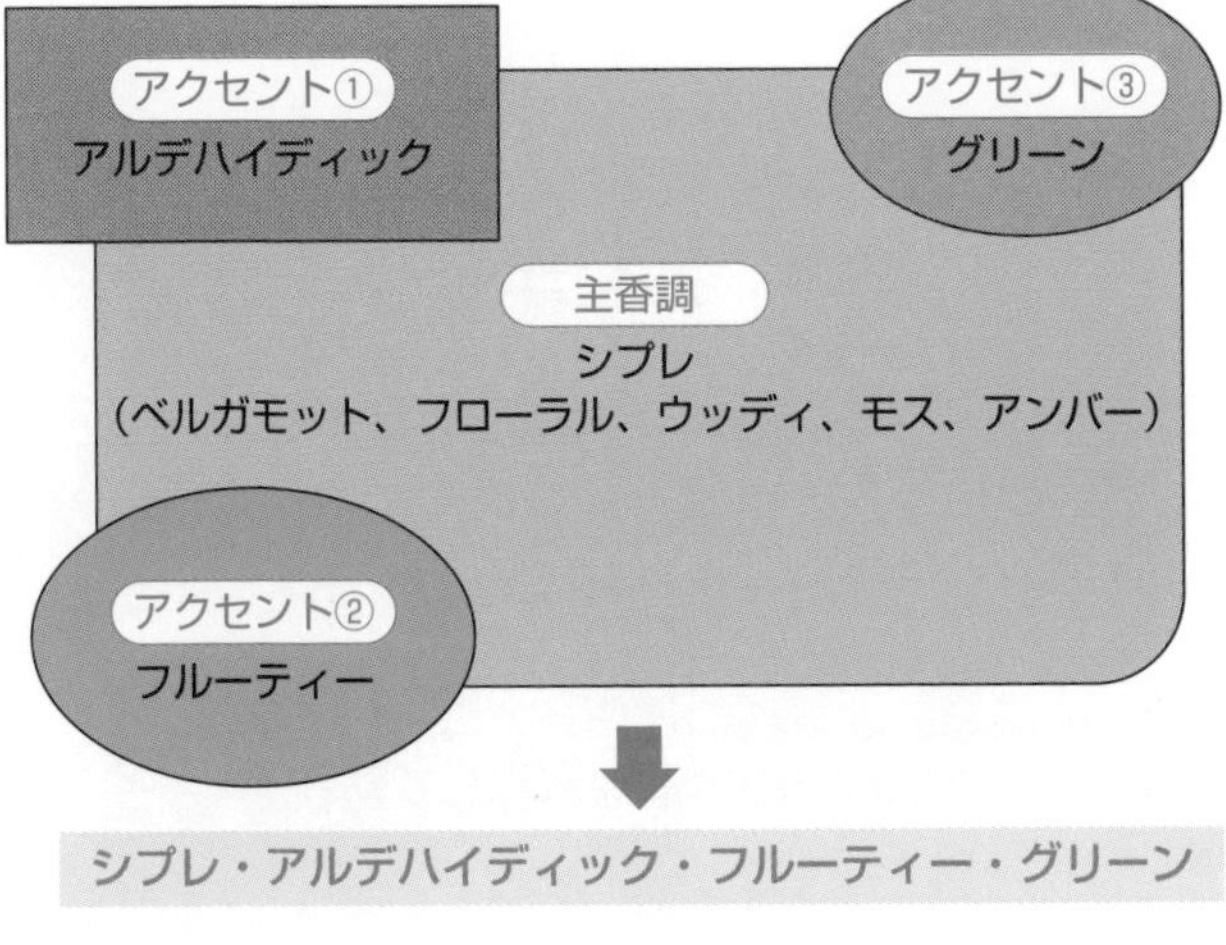

38 香りを創る

香料の調合方法

香りを創造するには、まず1つ1つの香料について理解を深める必要があります。例えば「レモンの香りは、爽やかな柑橘系の香りであり、トップノートだから香りはあまり長く持続しない」、「サンダルウッドの香りは、落ち着いた木の香りで、ベースノートだから香り立ちは遅いが持続性がある」というように特徴を理解します。

香りのイメージだけでなく、香りを組み立てる時には、その香料の揮発する速度（35項）も考慮する必要があります。次に、2つ以上の香料を組み合わせた時のアコード（39項）が取れているかが重要です。香料同士の調和が取れていることが良い香りを創るための前提条件になります。

目的とする香りを完成させるための方法は、ステップ法とバランス法があります。「ステップ法」は、骨格となる香料をすべて混合し、さらに香料を1つずつ添加して香りを整えていきます。

例えば、ローズの香りをステップ法で整えていくには、はじめに、基本骨格であるフェニルエチルアルコールなどの香料を混ぜてベースを作ります。そのベースに①フェニルエチルアセテートを加えて、透明感が増して、より生っぽいバラの花の感じの印象にします。②ローズオキサイドを加えると、香り全体の輪郭がはっきりしてきます。③アルデヒドC-9を加えることにより、ローズにみずみずしさが加わります。④メチルイソオイゲノールを加えると、香りに甘味がプラスされます。香料を加えていく度に、香りが洗練されていきます。

「バランス法」は、与えられた香料を一度に調合し、それを部分的に改良していきます。香料の香調ごと、香りの揮発速度ごとなど目的とする香りに合わせて比率を検討し、完成させていきます。

今までにない香りを創るには、有名な香水の処方を再構成したり、市場の商品を分析し、再現したりして、経験を積んでいくことも重要です。

要点BOX
- 香りの創造には香料の理解とアコードが重要
- 今までにない香りの創造を目指して調香を
- 名香の骨格を再構成して新たな香りの創造へ

ステップ法

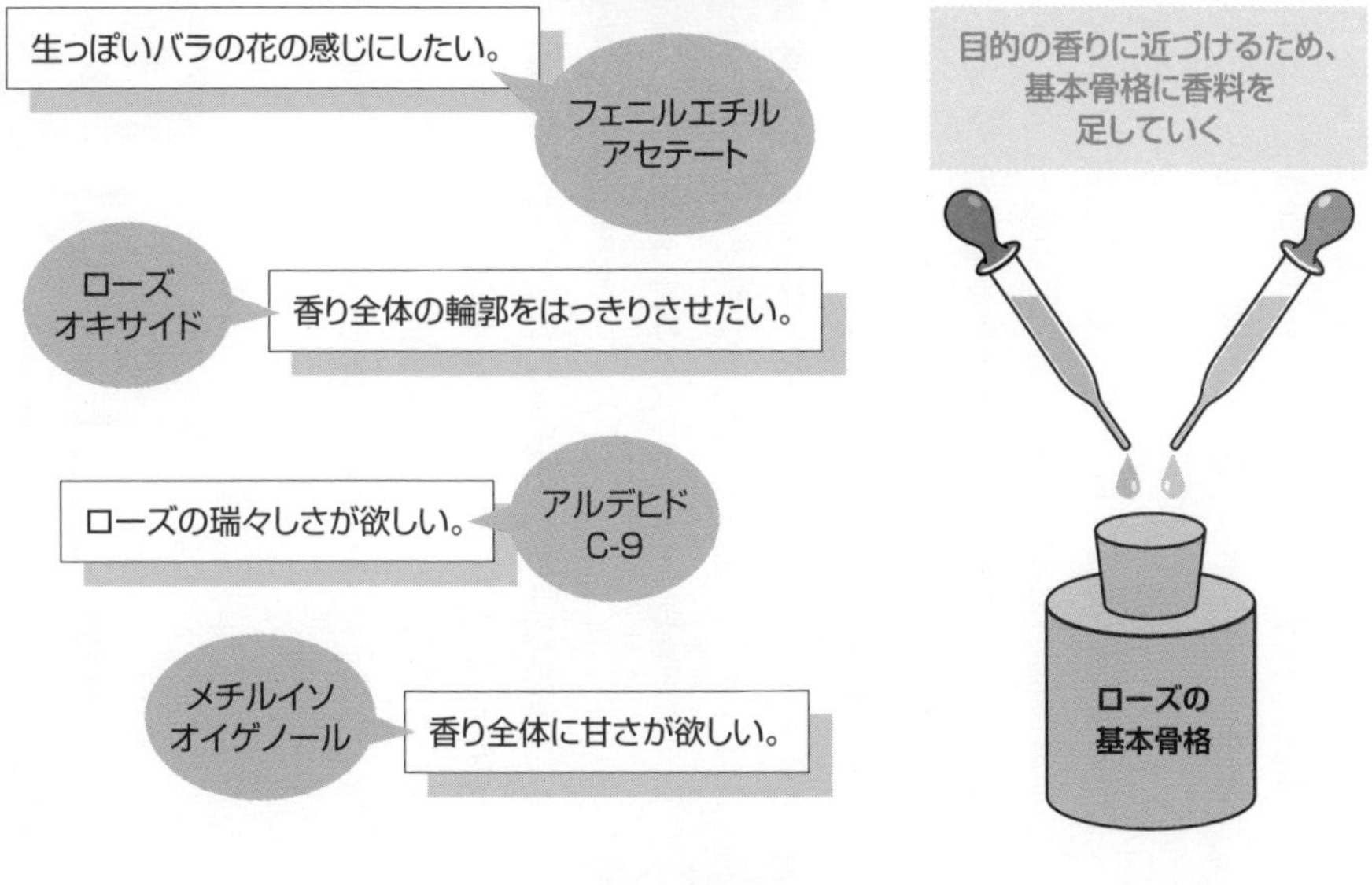
生っぽいバラの花の感じにしたい。
フェニルエチル
アセテート
ローズ
オキサイド
香り全体の輪郭をはっきりさせたい。
ローズの瑞々しさが欲しい。
アルデヒド
C-9
メチルイソ
オイゲノール
香り全体に甘さが欲しい。
目的の香りに近づけるため、
基本骨格に香料を
足していく
ローズの
基本骨格

バランス法

目的の香りを創るために、
基本骨格自体の
割合を変える

フェニルエチルアルコール
の割合を減らして、
ゲラニオール
の割合を増やそう。

アブソリュートタイプの香り

香料名	%
フェニルエチルアルコール	40.0
シトロネロール	30.0
ゲラニオール	19.0
ネロール	3.0
リナロール	5.0
シトロネリルアセテート	1.0
ゲラニルアセテート	0.5
オイゲノール	1.5

ローズオイルタイプ
に近づけたい!

ローズの
基本骨格

香料名	ローズアブソリュート	ローズオイル
フェニルエチルアルコール	40.0	10.0
シトロネロール	30.0	20.0
ゲラニオール	19.0	35.0
ネロール	3.0	?
リナロール	5.0	?
シトロネリルアセテート	1.0	?
ゲラニルアセテート	0.5	?
オイゲノール	1.5	?

他の香料を
変更する? 割合を変える?
など検討してから
一度に調合する。

39 アコードって何？

調合香料を創るための香りのデザインを「調香」と言います。調香において調和（ハーモニー）の取れた香りを組み立てることが基本です。この調和のことをアコードと呼び、複数の香料を調合した時の香の釣り合いのことを指します。

2種以上の香料の香りがバランスよく調合されていることを「アコードが取れている」と表現します。アコードの考え方としては、レモンとオレンジのように似ている香りを組み合わせる場合、レモンとインドールのように対照的な香りを組み合わせる場合、物理的特徴の似たものを組み合わせる場合があります。実際には、香りを創る時には、多くの香料を組み合わせるため、調和の取れた香りを創り出すのは非常に困難です。

いずれの場合にも、香りの完成度を左右する重要な要素は、組み合わせる香料とその割合です。調香師は、数種類の香料の割合を最良のバランスに仕上げることを目指して香りを創り出しているのです。

音楽用語では、アコードとは和音のことを言いますが、音階と香りのノートを結びつけた「香階」というものがあります。19世紀後半のイギリスの香料研究者S.ピース（もしくはピエス）が考案しました。1オクターブ違うパチュリーと白檀、2オクターブ違うジャスミンとローズはどのような割合でもよく調和します。

香階で解釈すると和音のドミソは、ド：ローズ、ミ：アカシア、ソ：オレンジフラワーとなり、ドファラは、ド：ゼラニウム、ファ：ムスク、ラ：トルーバルサムとなります。不思議と相性が良い組み合わせになります。

画家が使う「パレット」には、絵の具を混ぜる板と絵の具や色彩の範囲の2つの意味がありますが、香料の専門家は、「パレット」のことを調香に使う天然・合成香料の一揃えという意味で使います。

同じ用語でも専門分野によって使い方が異なるのも興味深いものです。

要点BOX

- ●調香では、香りの調和が大切
- ●似ている香りや対照的な香りの組み合わせとバランスが重要

香階

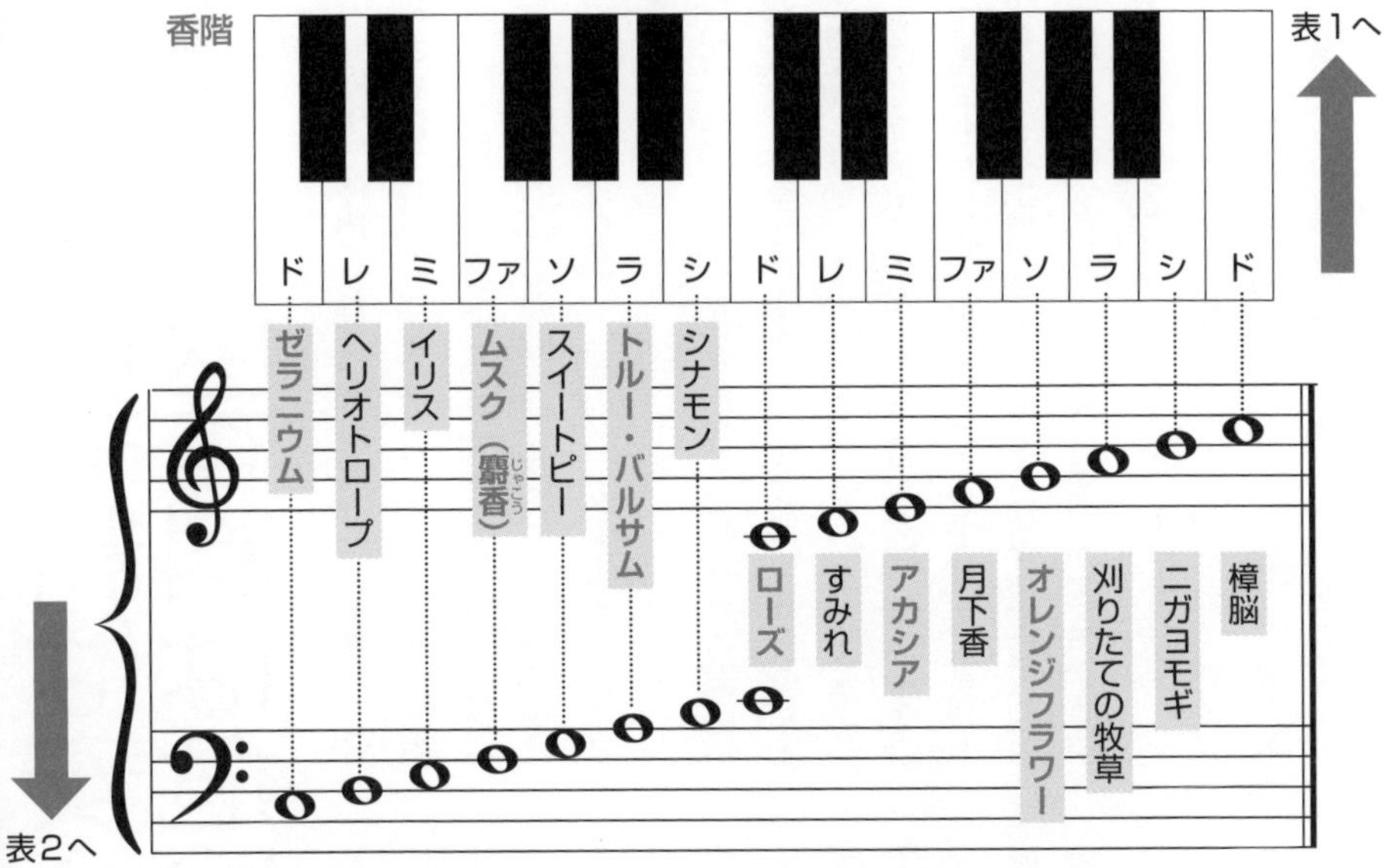

表1　高音階

ファ	シベット（霊猫香《れいびょうこう》）
ミ	ベルベナ
レ	シトロネラ
ド	パイナップル
シ	ペパーミント
ラ	ラベンダー
ソ	マグノリア
ファ	アンバー（龍涎香《りゅうぜんこう》）
ミ	レモンの一種
レ	ベルガモット
ド	ジャスミン
シ	ミント
ラ	トンカ豆
ソ	ライラック
ファ	黄水仙
ミ	オレンジ
レ	アーモンド
ド	樟脳

表2　低音階

ド	ゼラニウム
シ	ストックとカーネーション
ラ	ペルー・バルサム
ソ	ペルグラリア
ファ	カストリウム（海狸香《かいりこう》）
ミ	ショウブ
レ	クレマチス
ド	白檀
シ	丁子
ラ	スチラックス（蘇合香《そごうこう》）
ソ	ソケイの一種
ファ	ベンゾイン
ミ	ニオイアラセイトウ
レ	バニラ
ド	パチュリー

40 天然香料は安全で合成香料は危険なのか？

天然と合成の安全性

暮らしの中で使用されている香料は天然香料、合成香料ともに、数々の規制をクリアしており、使用量に関しても規定があるため一定の安全性は担保されています（58項）。しかし、一般的に、「天然物は安全で、合成物は危険」と思われることも多いのではないでしょうか。

16世紀に活躍した「医化学の祖」と呼ばれる医師パラケルススは、「全てのものは毒であり、毒でないものなど存在しない。その服用量こそが毒であるか、そうでないかを決めるのだ」という言葉を残しています。「なんでも過剰摂取はだめ」ということですが、香料も「使用量」は安全性を考える上で大切な要素で、天然か合成かの違いだけで、単純に香料が安全か危険かを判断できないのです。

身近なものに柑橘類の果皮から抽出される精油がありますが、肌につけて日光に当たると皮膚トラブル（光毒性）を示すフロクマリン類（ベルガプテンおよびベルガモッチン）を微量含有していることもあります。実際に天然香料として製造する時には、蒸留することによりフロクマリン類を排除しています。

単に天然か合成かといった判断でなく、どのような成分がその精油に含まれているのかを見て、使用上の注意を確認し、適切な量を、適切な状態で使用することが大切なのです。

ところで、石鹸や芳香剤に、「無香料」と記載されている場合は、文字通り「香料が使われていない」ものです。ただし、原材料自体のにおいが感じられる場合はあります。一方、香料が使用されている時に、成分や原材料として「香料」という表示がされています。何種類もの成分を調合して創香している場合でも、1つ1つの成分を記載するのではなく、「香料」という一括表示がなされています。また、香料を使用した食品では、指定添加物、天然香料の区別なく一括して「香料」と表示することが認められています。

要点BOX
- ●精油の抽出法でも異なる光毒性作用
- ●安全性には使用量も重要な要素
- ●流通している香料は規制をクリア

香料の安全性の自主基準

国際香粧品香料協会(IFRA)　https://ifrafragrance.org
日本香料工業会　https://www.jffma-jp.org
日本化粧品工業会(粧工会)　https://www.jcia.org/user/

主な柑橘系の精油と光毒性

光毒性に注意が必要な精油	光毒性の心配が少ない精油
ビターオレンジ(圧搾法) グレープフルーツ(圧搾法) ベルガモット(圧搾法) ライム(圧搾法) レモン(圧搾法) など	スイートオレンジ タンジェリン マンダリン ベルガモット(FCF:フロクマリンフリー) ライム(蒸留法) レモン(蒸留法) ゆず など

光毒性のメカニズム

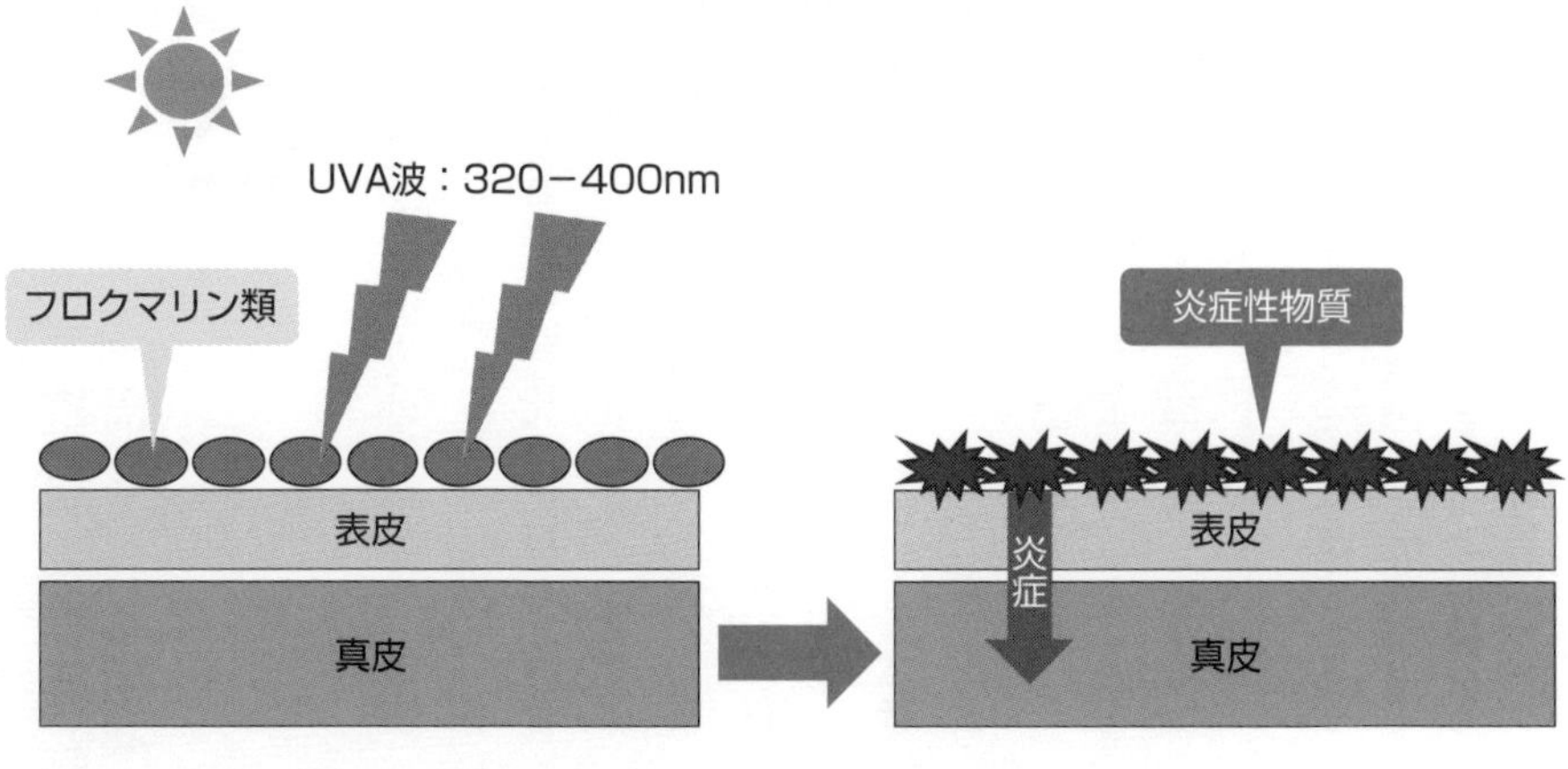

●フロクマリンに紫外線が当たることで、炎症性の伝達物質を生成し紅斑反応の原因となる。
●長時間光に当たり、フロクマリン濃度が高いとより反応はひどくなる。

41 天然香料だけで香りを創る難しさ

複数の香り成分で構成される精油

香りを創る時には、製品のイメージから香料を選択するところから始まります。

例えば、ナチュラル志向が強い女性向けの化粧品に賦香《ふこう》する香りを創るとします。ターゲットがナチュラル志向ですから、天然精油から香りを選択します。香りの揮発速度を考慮し、アコードを取り、トップノートに爽やかなレモン、ミドルノートには女性に好まれるローズ、ベースノートはバニラ様の甘い香りのベンゾインをメインに使うとします。これらの組み合わせなら何となく良い香りが出来上がるように思えます。しかし、精油の種類は1つであっても、その精油自体には複数の香り成分が含まれており、主成分だけでなく、微量成分が全体の香りの印象に影響を与える場合があります。

レモン精油の成分を分析すると、主成分は60～70%含まれているd-リモネンですが、レモンらしさを特徴づけるのは4～5%含まれるシトラールです。また、同じ種類の精油であってもその成分の割合は、植物の産地や採取時期などにより異なります（21項）。各精油成分の割合が異なれば、同じ比率で精油を混合しても出来上がる香りの印象は異なります。天然香料だからこそ精油に含まれる微量の香り成分が影響するというのが、香りを創る時の難しさであり、魅力的な香りを創ることができるところでもあります。

一般的に天然香料は高価ですが、特にローズは非常に高価であるため、香り成分が似ているゼラニウムに一部を置き換える場合があります。

ゼラニウムは、ローズゼラニウムとも呼ばれることもあり、ローズの香りと共通するシトロネロールやゲラニオールなどの成分で構成されています（21項）。しかし、置き換える割合が多すぎるとローズと共通していない成分の香りが目立ってしまいローズらしさを半減させてしまうため、バランスを考えて置き換える必要があります。

要点BOX
- ●産地や時期でも異なる香り成分の構成
- ●一部を安価なものに置き換え価格を抑える
- ●香りが似ている香料を代用

天然香料による調香例

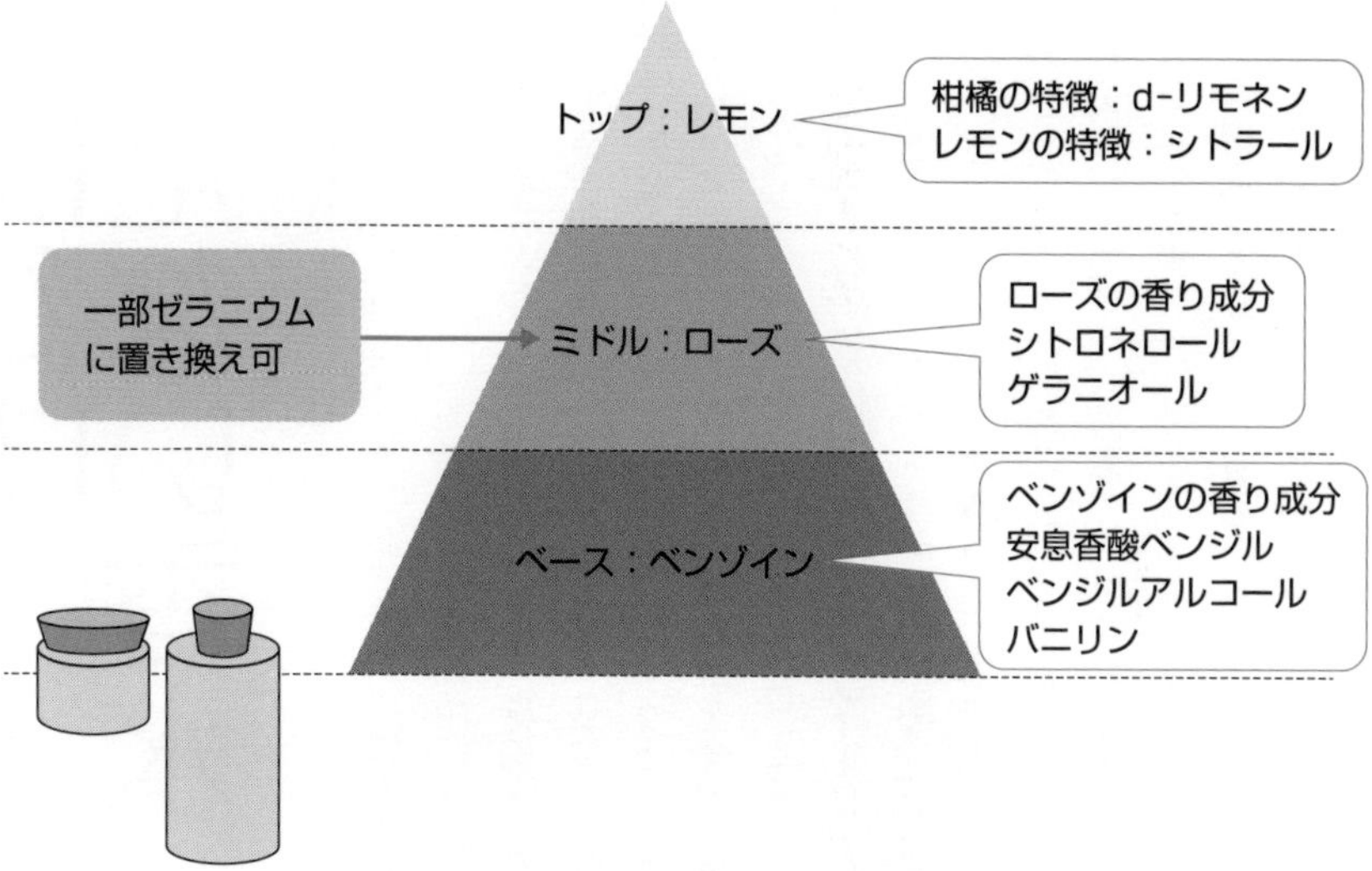

ゼラニウムとローズの香り成分

ゼラニウム	(%)
シトロネロール	25-40
ゲラニオール	10-25
リナロール	3-10
蟻酸シトロネリル	5-10
イソメントン	3-10

ローズ	(%)
シトロネロール	25-55
ゲラニオール	10-30
ネロール	4-15
ノナデカン	5-15
ヘンエイコサン	2-10

42 香りだけではない成り立たない香水

コンセプトを香水瓶でも表現

いくら素晴らしい香水でも、その香りは目に見えないことから、イメージを創るために香水瓶やファッションと結びつけて表現することも必要です。

ガブリエル・シャネルは、クチュリエ（仕立て屋）としては初めて、自らのファッションを完成させるために香水をアクセサリーとしました。シャネルNo.5は、シャネルブランド最初の香水であり、アルデヒドを大胆に過剰に加えた斬新なものです。香水がファッションの一部という位置づけであるため香水瓶のデザインは、シャネルのジャケットと同じように、きりっとしたモダンなデザインになっています。

また、パコ・ラバンヌは、洋服の素材として使われていなかった工業素材や金属などを取り入れ、そのイメージの香水としてカランドルを1969年に発表しています。調香師は、「アルデヒドノートのフローラルと鋭いメタリックなノートが渾然一体となった香り」の香水をイメージして創ったとされており、香水瓶は、ロールスロイスのラジエーターに着想を得て、現代的で工業的なデザインになっています。

香水は、女性用にはフローラル調、男性用にはフゼア調というように性別で分かれていましたが、時代の変化とともに、ユニセックスという考え方が登場しました。カルバン・クラインは、1994年に「シーケーワン」という香水を発表しました。トップノートのグリーンティーからフローラルブーケ、パイナップルの甘味が加わり、ラストノートはアンバーです。男性でも女性でも受け入れられるように、自己主張をしない香りを求める人に向けて創られました。香水瓶は、きわめてシンプルな摺りガラスの容器でラム酒のネジ式小瓶風で、外箱には再生紙を使い、環境への配慮をしていることが伺えます。

有名な香水は、世の中の動向を見極めており、コンセプトが重要で、香水瓶でも香りのイメージを表現しています。

要点BOX
●時代を反映したコンセプトの重要性
●ファッションを完成させるには香水が必要
●時代に合わせてユニセックスの香水が登場

ファッションを完成させる香水

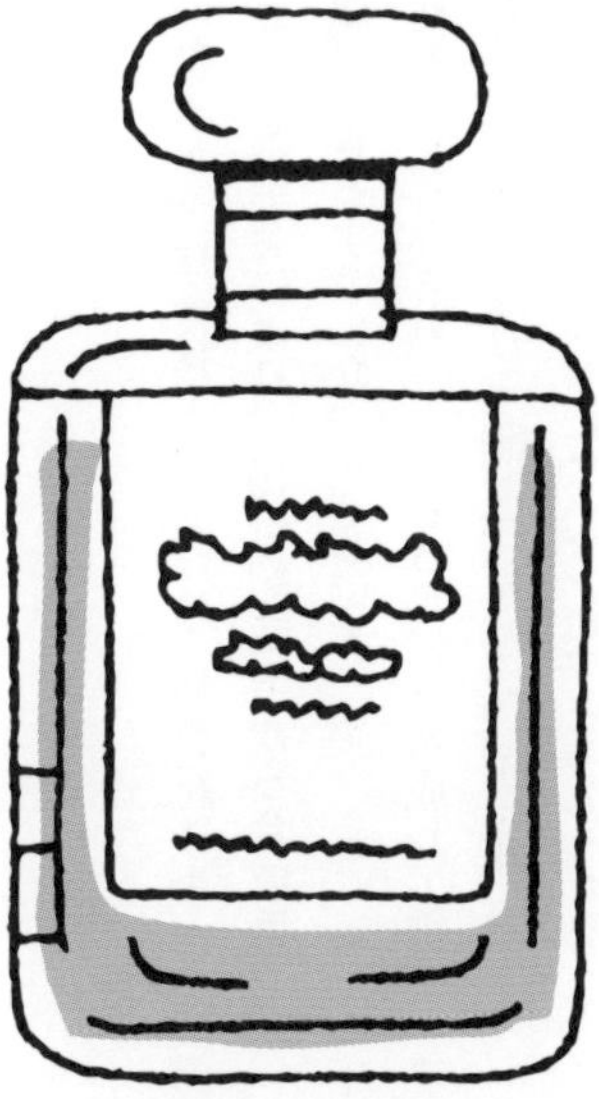

シャネル No.5

43 時代が生んだ香水

香水の始まりから1920年代まで

現代の香水が多種多様であるのは、18世紀後半から起こった産業革命により、19世紀前半から合成香料の製造ができるようになったからです。

トンカ豆から発見され、1868年には合成して得られるようになったクマリン（10項）を使い、ポール・パルケが1882年に創作した「フゼアロワイヤル」が香水の始まりと言われています。

1889年に、エメ・ゲランにより生み出された「ジッキー」は、合成香料のバニリンやリナロールと天然香料との組み合わせで香水の世界に革命を起こしました。オリエンタルノートの元祖とも言える存在です。

1990年頃の一般的な社会通念として女性は、弱く儚《はかな》い存在であり、香水も花にちなんだものが主流で、1905年にフランソワ・コティが創作した「ロリガン」は、フィルメニッヒ社のメチルイオノン主体の合成香料であるイラリアとカーネーション調合ベースのディアンティンを取り入れ、当時としては画期的な処方の香水でした。

「ロリガン」にヒントを得て、ジャック・ゲランは「ルール・ブルー」を創作し、フローラルなオリエンタル調で、フロリエンタルと呼ばれています。

1910年代は、戦争により世の中の概念が大きく変化しました。1919年には、クロード・ファレルの小説ラ・バタイユ（戦闘）に登場する日本人女性にちなんで、「ミツコ」が発表されています。

1920年代には、女性たちはコルセットを外し、心身ともに自由になり、自分の人生を選択できるようになりました。1921年にフローラルアルデヒド調の「シャネルNo.5」が登場します。フローラルノートに、合成香料のアルデヒドを大量に加えた革新的な処方です。

1927年には、ランバンから「シャネルNo.5」よりもアルデヒド調を控えめにした、フローラルアルデヒド調の「アルページュ」が発売されています。

要点BOX
- ●時代の流れと伝説の名香
- ●産業革命により香水は多種多様に

香水の始まりから1990年代までの主な香水

年号	香水	メーカー	香調	素材など
1882	フゼア ロワイヤル	ウビガン	フゼア	ラベンダー、クマリン、ゼラニウム、モス
1889	ジッキー	ゲラン	オリエンタル	ラベンダー、ベルガモット、ゼラニウム、パチュリ、サンダルウッド、バニリン、クマリン、シベット
1905	ロリガン	コティ	オリエンタル	ベルガモット、カーネーション、オレンジフラワー、ジャスミン、ローズ、オリス、バニリン、クマリン
1912	ルール・ブルー	ゲラン	フロリエンタル	ベルガモット、カーネーション、ローズ、イランイラン、ヘリオトロープ、サンダルウッド、ムスク
1919	ミツコ	ゲラン	シプレ フルーティー	ベルガモット、ローズ、ジャスミン、オークモス、ベチバー、シダーウッド、シベット、アンバー
1921	シャネル No.5	シャネル	フローラル アルデヒド	アルデヒド、ベルガモット、イランイラン、ローズ、ジャスミン、バニラ、クマリン、ムスク
1925	シャリマー	ゲラン	オリエンタル	ベルガモット、レモン、ボアドローズ、サンダルウッド、ベチバー、バニラ、クマリン
1927	アルページュ	ランバン	フローラル アルデヒド	アルデヒド、ジャスミン、イランイラン、オリス、ベチバー、アンブレイン、ムスク
1933	ボルドニュイ	ゲラン	オリエンタル ウッディー	ガルバナム、フレッシュシトラス、パチュリ、パウダリー、バニラ、ペルーバルサム、サンダルウッド、アンバー
1947	ミス・ディオール	クリスチャン・ディオール	シプレ フローラル	シプレ、アルデヒド、ガルバナム、ピーチ、ラベンダー、パチュリ
1948	レール デュタン	ニナリッチ	スパイシー フローラル	カーネーション、ベルガモット、ガーデニア、ジャスミン、ミュゲ、サンダルウッド、ムスク
1952	ユースデュー	エスティー ローダー	スパイシー オリエンタル	カーネーション、ベルガモット、ピーチ、ジャスミン、トルーバルサム、バニラ、パチュリ、オークモス
1969	カランドル	パコ・ラバンヌ	フローラル アルデヒド	ベルガモット、ローズ、ジャスミン、ヘリオナール、ヘディオン、ベチバー、ムスク、アンバー
1970	シャネル No.19	シャネル	グリーン フローラル	ガルバナム、ヒヤシンス、ローズ、ジャスミン、ミュゲ、オークモス、ベチバー、ムスク
1985	プワゾン	クリスチャン・ディオール	フロリエンタル	オレンジフラワー、ブラックカラント、イランイラン、ダマセノン、バニラ、パウダリー、オポポナックス、アンバー
1994	シーケーワン	カルバン・クライン	アロマティック シトラス	ベルガモット、グリーンティ、パイナップル、ローズ、バイオレット、ジャスミン、オークモス、サンダルウッド、アンバー

44 女性の活躍と香水

1930年代から1990年代の香水

世界経済が冷え込んでいた時代、1933年に、ジャック・ゲランは、オリエンタルパウダリーとスパイシーウッディーなアコードが魅力的な香り「ボルドニュイ（夜間飛行）」を発表しました。その後、1940年代には、自由と変革をコンセプトに新しい香水が発表されています。1947年にクリスチャン・ディオールは、シプレーにアルデヒドやガルバナムが効いた「ミス・ディオール」を新しいシルエットのドレスとともに発表しました。ニナリッチは、1948年にカーネーションのスパイシーノートが新鮮な「レールデュタン」を発表しました。

1950年代のアメリカでは、女性は、子育てと家事をするのが理想とされ、主婦らが安価で購入しやすい香水として、エスティーローダーから「ユースデュー」が発売されています。1960年代のアメリカでは人種差別撤廃法が成立、イギリスでは同性愛が合法化、音楽と芸術の概念までもが大きく変化した時代でした。1969年に、パコ・ラバンヌは、プラスチックや金属などを使ったドレスを創作し、それに合わせるように、「カランドル」を発表しました。1970年に、女性解放を背景に自己実現の願望と意志を表現した香水として、シャネルから「シャネルNo.19」が発売されました。

1980年代になると、女性たちは平等や権利を求めて戦う必要はなくなりました。1985年にクリスチャンディオールが創作した「プワゾン（毒）」は、欲望をかきたてる誘惑への挑発的な媚薬というコンセプトで大ヒットを納めました。1994年には、性別を気にすることなく使用できるユニセックスの香水としてカルバンクラインから「シーケーワン」が登場しました。

各時代特有の社会的・文化的要因と、各年代の特徴的な香水について紹介してきましたが、香水の香調は、時代とともにライトな香りに変化しています。特徴が際立つよりも、他の香りと合わさっても爽やかに感じられるようなライトな香りが好まれるようになってきたことが理由なのかもしれません。

要点BOX
- ●女性の地位向上から生まれた香水
- ●性別に関係なく使えるユニセックスの香水

時代背景と香水・合成香料の歴史（香水の始まりから1990年代の主な香水）

香水	時代背景	年号	合成香料（原料）
	産業革命	1760−1840	
フゼアロワイヤル		1882	
		1888	ニトロムスク合成
ジッキー		1889	
		1893	ロジノール（ローズ、ゼラニウム）
		1898	シトラール（レモングラス）
			α-イオノン
			メチルイオノン（シトラール）
			メチルアンスラニレート
			アミルサリシレート
			ムスクケトン
	女性は、弱く儚い存在 香水は花の香りが主流	1900	メチルオクチンカーボネイト
			メチルヘプチンカーボネイト
		1903	アルデヒドC-12MNA
			アルデヒドC8-12
			フェニルエチルアルコール合成
ロリガン		1905	
		1908	ヒドロキシシトロネラール
			γ-ウンデカラクトン
	小説ラ・バタイユ（戦闘）	1909	
ルール・ブルー		1912	
	第一次世界大戦	1914−1918	
ミツコ		1919	シクラメンアルデヒド
	女性が自分の人生の 選択ができるように	1920	ファルネソール構造解明
シャネルNo.5		1921	シクラメンアルデヒド工業化
		1923	ネロリドール（ネロリ）
シャリマー		1925	
アルページュ			
		1928	シベトン（シベット）
	世界恐慌	1929−1939	
ボルドニュイ		1933	ジャスモン
	第二次世界大戦	1939−1945	
ミス・ディオール	若者文化のジーンズ ロックンロールの時代 アメリカンドリーム （女性：子育てや家事）	1947	イローン
レールデュタン		1948	
ユースデュー		1952	
		1957	リナロール工業化
		1959	シス3ヘキサノール
		1961	ローズオキサイド（ブルガリアローズ）
		1962	ヘディオン
	国連：人種差別撤廃条約	1965	ヘディオンの工業化
		1968	ローズフラン
カランドル		1969	
シャネル No.19	ファッションが 政治信条を反映する時代 イギリスで女性首相誕生 マーガレット・サッチャー	1970	α-ダマスコン、β-ダマスコン、 ダマセノン発見・合成
		1974	ネロリオキサイド発見
		1979	
	男女平等の時代へ	1980	α-ダマスコン、β-ダマスコン、 ダマセノン商業化
プワゾン		1985	
	同性愛のパートナー選択 環境保護への関心	1990	
シーケーワン		1994	

Column

香りの魔術師
―パヒューマーとフレーバリスト―

香料は、化粧品やトイレタリー製品、洗剤、芳香剤などに使われる「フレグランス」と、食品に添加する「フレーバー」に分けられます。そして、フレグランスを創る調香師を「パヒューマー」、フレーバーを創る調香師を「フレーバリスト」と言います。

パヒューマーは、付与する製品に合った香りを思い浮かべながら、いろいろな香料原料を組み合わせて、イメージの香りを創っていきます。例えば、夏祭の香りを創るとしましょう。夏祭の香りそのものはありませんね。香りがあるとすれば、屋台のたこ焼きの香り、花火の香りなどではないでしょうか。それらを想像しながら、印象深い香りを創っていくのです。まさに芸術家です。

一方、フレーバリストは、朝摘みいちごの甘酸っぱい香り、ホクホクした焼き芋の香りなど、食品が持っているリアルな香りを創り上げていきます。科学者のような感じです。例えば、夏祭の香りを付けた夏祭飲料をつくったとしても、どんな味で、どんな香りがするのか想像してもらえず、ヒット商品になりそうにありません。

フレーバーは、食品本来の香りを再現して、食品の加工や流通で失われる香りを補ったり、強めたりして、食品がおいしくなるように仕上げていくのです。

パヒューマーもフレーバリストも、においを嗅ぐ訓練が重要で、5〜10年かけて訓練を積み重ねていきます。様々な香りを嗅ぎ、それを言葉で表したり、種類や強さの違いを嗅ぎ分けたりしながら香りを記憶していくのです。

種々の香料素材の香りの記憶を基に、各香料を組み合わせて求める香りを創っていきます。試行錯誤の連続で、忍耐力のいる仕事です。創香するための柔軟な発想やアイデアには、豊かな感性が必要です。調香師は自然に親しみ、花や樹木を愛し、絵画、音楽、陶芸、ファッションなど、芸術、文化にも興味を持ち、見聞を広めることで創造力を高めていくことが望まれます。

近年、におい成分分析装置を使ってある香りを分析することで、その香りはどのような成分が集まって出来ているのか、ある程度、分かるようになってきました。その情報は新たな香りを創る（調香）時に大いに役立ちます。調香はパヒューマー、フレーバリストの感性に、かおり成分の分析技術を組み合わせて行われるようになってきています。

第5章

香りが創る食の世界

45 フレーバーの役割と種類

香りはおいしさを決定づける重要な要素の1つです。よりおいしく食べられるように、食品に香料を付与することを目的にした食品香料のことを「フレーバー」と言います。フレーバーには、3つの役割があります。まず、香りが少ない食品に香りを付けたり、食品本来の香りを強めたりします。次に、食品の加工・流通工程で無くなったり、減ったりする香りを補強します。さらに、食品にある好ましくないにおいや加工工程で発生する加熱特有のにおい、発酵のにおいなど、おいしさを減退させるようなにおいを目立ちにくくします。このようにフレーバーには、香りの強化、補香（補強）、好ましくないにおいのカバー（マスキング）という3つの役割があるのです。

フレグランスと同様、フレーバーにも天然香料と合成香料があります（19項）。天然香料には、肉類・魚介類・乳製品やその加工品から香り成分を採取するものや、花や葉、果実、種子などから香り成分を採取するものがあります。その方法は様々で、香り成分を水やアルコールなどに溶解させる抽出、圧力を加えて搾る圧搾、沸点が高い香り成分を水と蒸留して沸点以下の温度で留出させる水蒸気蒸留などによって、ミルク、フルーツ、ミント、畜肉、魚介類など、様々な香料が出来上がります。

フレーバーは、加工食品に使いやすいように創られます。飲料や冷菓などに用いるために水に溶けやすくした水溶性香料や、油溶性の香料を飲料や冷菓などに配合できるように香料を水に乳化させた乳化香料があります。チョコレートやクッキーなどの油脂食品のために香料を植物油などに溶解して油溶性香料が創られます。また、粉末・乾燥食品に使えるように乾燥させて粉末化した粉末香料があります。フレーバーの主剤は香り成分ですが、それぞれの食品に使いやすいように乳化剤、安定剤、油脂などの副剤も配合して創られているのです。

要点BOX
- ●フレーバーの役割は強化、補香、マスキング
- ●フレーバーにも天然香料と合成香料がある

フレーバーの種類

香料の種類	特徴
水溶性香料（エッセンス）	○調合香料を溶剤で抽出･溶解したもの ○加熱工程のほとんどない飲料、アイスクリームなどに使用
油溶性香料	○調合香料を植物油などで溶解したもの ○加熱処理工程が必要なクッキーやビスケットなどの焼菓子やキャンディーなどに使用
乳化香料	○油溶性香料を乳化剤や安定剤によって水に乳化させ微粒子状態にしたもの ○清涼飲料水や冷菓などに使用 ○香りがマイルドで保留性がよいのが特徴
粉末香料	○噴霧乾燥させて粉末化したり乳糖などに調合香料を付着させたもの ○賦形剤《ふけいざい》でコーティングされているので香りの発散がほとんどなく、取扱いが便利で安定性もある ○粉末スープやインスタント食品、チューインガムなどに使用

香料の表示

一括表示できる添加物としての香料

食品表示法によると、食品に添加されている物質を原則として表示しなければならない。

「香料」の一括表示が認められている理由

・食品に添加される香料（フレーバー）は、使用量が極めて少ない
・微量な香り成分を数十種類も混ぜて創られている
・調合に使用した物質名をすべて表示するとかえってわかりにくくなる

商品名:チョコレートフィナンシェの表示例

名称	洋菓子
原材料名	鶏卵（国産）、植物油脂、砂糖、アーモンド、小麦粉、チョコレート（乳成分を含む）、ココア、転化糖、カカオマス、塩／乳化剤（大豆由来）、香料、着色料（カロテン）
内容量	12個
消費期限	●●●●年●月●日
保存方法	直射日光を避け、常温で保存
製造者	●●食品㈱●●工場 東京都●●区●●町1-1

46 食品にない異臭の原因

オフフレーバーって何？

食品の香りは、数十から数百種類ほどの成分から構成されており、その絶妙なバランスで、おいしさを醸し出しています。なんらかの原因で、食品の香りのバランスが崩れると、おいしく感じられなくなります。

例えば、油脂の酸化臭、微生物による腐敗臭、魚介類の鮮度低下による生臭さ、卵や肉を加熱した時の硫黄臭など、元の食品の香りが変化して発生するにおいが原因である場合があります。食品工場では、食材や製造工程を厳しく管理していますが、倉庫に散布した燻蒸剤や加熱殺菌した食品を冷却する水からの移り香、保管・運搬時のコンテナの塗装からの移り香などが起こることがあります。

移り香というと、自宅での保管時にも注意が必要です。食品保存庫に洗剤や殺虫剤などを一緒に置くと、それらのにおいが食品に移ることがあるからです。このように本来の食品の香りとは異なるにおいをオフフレーバーと呼んでいます。

ところで、2,6－ジクロロフェノール（2,6－DCP）という数pptで異臭を感じる物質があります。1pptは1兆分の1のことで、50tに目薬1滴程度の2,6－DCPを入れた濃度に相当し、極微量で強い塩素臭（カルキ臭、消毒臭）を感じます。

2,6－DCPは多くの食品に含まれるフェノールと塩素の化学反応によって生じます。塩素は殺菌剤として水道水に含まれており、野菜や製造ラインなどの洗浄・殺菌にも使われます。塩素が微量でも食品に残留・移行すれば、簡単に2,6－DCPが生成されるのです。

また、2,4,6－トリクロロフェノール（2,4,6－TCP）が、ある微生物で代謝されると、2,4,6－トリクロロアニソール（2,4,6－TCA）が生成されます。この2,4,6－TCAが、ワインの保存状態によって、コルクから生じてしまう特有のカビ臭（ブショネ）の正体です。ブショネがあると、ワインの香りを楽しむどころではなくなり、味わいにも大きく影響します。

要点BOX

- ●オフフレーバーは外部からの移り香や食品成分の変化が原因
- ●塩素臭やカビ臭は数pptでも感じられる

主なオフフレーバー

においの種類	主なにおい物質
カビ臭	2.4.6-トリクロロアニソール、ジオスミン　など
塩素臭	2,6-ジクロロフェノール、2,4,6-トリクロロフェノール、p-クレゾール　など
腐敗臭	アンモニア、トリメチルアミン、吉草酸、イソ吉草酸、酪酸　など
溶剤臭	酢酸エチル、キシレン、トルエン、アセトン　など
薬品臭	ナフタレン、p-ジクロロベンゼン　など

コルク栓を使ったワイン特有のカビ臭(ブショネ)の正体

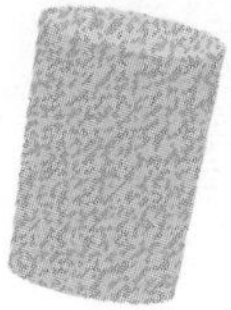

次亜塩素酸ナトリウム水溶液
で殺菌

↓

塩素原子の残留

↓

カビの代謝

↓

ブショネ

2,4,6-トリクロロアニソール

低濃度でもにおいが感じられる。
においを感じる最低濃度(閾値)は、
アンモニア(刺激のある悪臭)のおよそ100万分の1と言われる。
(アンモニアの閾値はおよそ100万分の1、
2,4,6-トリクロロアニソールはおよそ1兆分の1)

47 香辛料の役割

香辛料の機能は様々

香辛料というと味や刺激に関係のあるものという印象があります。日常でよく使う香辛料に、コショウや唐辛子があり、それぞれピペリンとカプサイシンという辛味成分を含んでおり、料理に辛味を与えます。また、サフラン、ターメリック（ウコン）、クチナシの実などのように着色の役割を持つものもあります。さらに、ほとんどの香辛料には豊かな香りがあり、香りによって料理の味を引き立て、食欲を増進させる効果が期待できます。このように香辛料には味、色、香りを加える役割があります（7項）。

この3つの役割を持っている香辛料にサフランがあります。サフランには、着色成分（クロシン）、苦味成分（ピクロクロシン）とともにサフラナールという香り成分が含まれており、干草のようで少し甘味のある独特の香りがあります。香辛料として多機能を有しているサフランは、スペイン料理のパエリアに用いられることで有名ですが、収穫量が少なく、世界一高価な香辛料と言われています。

香辛料のもう1つの役割に、食品の不快なにおいを消す作用があり、感覚的消臭によるマスキング効果と呼んでいます。

肉や魚を加熱調理する時に、塩やコショウを振ります。塩を振るのは、肉や魚のうま味を閉じ込めるとともに、肉や魚の身を引き締めて焼きやすくするためですが、コショウは肉や魚の臭みを取るマスキング効果を用いるためです。このほかにも身近な料理で、様々な香辛料のマスキング効果が使われています。ナツメグ、シナモン、クローブ、バジルなどがありますが、これらには香り成分のオイゲノール（ユージノールとも言う、重厚な強いスパイシーさと甘さのある香り）が共通して含まれています。オイゲノールは、殺菌、消炎作用があるとされ、虫歯治療に使用する歯科用セメントにも含まれている成分で、食品素材の臭み消しとしても活用されているのです。

要点BOX
●多機能があり高価なサフラン
●臭み消しとしてマスキング効果を持つ香辛料に含まれるオイゲノール

香辛料の分類

香辛料

食品に特別な風味を与えることを目的とし、比較的少量使用される。

種々の植物の風味または芳香性の葉、茎、樹皮、根、根茎、花、つぼみ、種子、果実、または果皮など

スパイス

食品に風味付けの目的で比較的少量使用される。
種々の植物由来の芳香性樹皮、根、根茎、つぼみ、種子、果実、または果皮

ハーブ

食品に風味付けの目的で薬味として比較的少量使用される。
主に草本植物の葉、茎、根および花からなり、生のまま、または乾燥したものを使用

香辛料の香りの主成分と特徴

香辛料	部位	科名	香りの主成分	香りの特徴
ペッパー	実	コショウ	β—カリオフィレン（辛味の主成分ピペリン）	爽やかな香り（強い辛味を持つ）
スターアニス	未熟果実	モクレン	アネトール	独特の甘い香り
アニスシード	実	セリ	アネトール	甘い香り
キャラウェイ	実	セリ	d-カルボン	爽やかでほんのり甘い香り
クミン	実	セリ	クミンアルデヒド	カレーを思わせる香り
コリアンダー	実	セリ	リナロール	甘く爽やかな香り
クローブ	つぼみ	フトモモ	オイゲノール	刺激的で甘い香り
シナモン	樹皮・枝葉	クスノキ	シンナミックアルデヒド、オイゲノール	甘くエキゾチックな香り
ニンニク	球根	ユリ	アリルメチルスルフィド	強烈で特徴的な香り
カルダモン	実	ショウガ	シネオール	すっきりとした強い香り
タイム	全草	シソ	チモール	軽く清々しい香り
クラリセージ	全草	シソ	酢酸リナリル、リナロール	爽やかな強い香り
ナツメグ	果実	ニクズク	ピネン、オイゲノール	やや甘くエキゾチックな香り（ムスクの香りがする豆を意味する）
バジル	葉	シソ	エストラゴール、リナロール、オイゲノール	甘くスパイシーな香り
ローリエ	葉	クスノキ	リナロール、ミルセン	ほのかな甘い香り

48 爽やかな香りの成分

柑橘類の特徴的なフレーバー

レモンは、温帯南部から熱帯圏内で栽培され、地中海沿岸諸国やアルゼンチン、アメリカなどが主要産地です。日本では、主に瀬戸内海沿岸の広島県や愛媛県で生産されています。爽やかな香りと酸味が特徴的で、調理にも用いられます。

レモンの香りは、オレンジと並んで柑橘系の香りとして高い人気があります。レモンとオレンジは、同じミカン科で、果実の皮に多く含まれるd-リモネンが香り成分の大部分を占めています。d-リモネンは甘酸っぱく爽やかな香りを持ち、洗剤、芳香剤など香粧品香料としてだけでなく、食品香料として柑橘系や各種フルーツ系のフレーバーに使用されています。

レモンの香り成分の75%程度、オレンジでは95%程度がd-リモネンで、大部分が同じ成分で占められていますが、レモンとオレンジでは、それぞれ異なった香りがします。これは、香り成分の含有率だけでなく、各香りの特徴成分の閾値が影響するためです。

オレンジには1%程度のシネンサール、レモンには2~3%程度のシトラール（ゲラニアールとネラールの混合物）が含まれており、これらは、リモネンの約100分の1の濃度で香りを感じることができます。そのためシネンサールやシトラールは微量であっても、果実の香り全体に与える影響が大きく、オレンジらしさ、レモンらしさを表す香り成分と言われています。

シトラールと言えば、イネ科植物のレモングラスに約80%程度と多く含有されており、レモンの香りがします。この香りを活かしてタイ料理のトムヤムクンやハーブティーとしても用いられています。新鮮なショウガの爽やかな香りも、微量に含まれるシトラールによるものです。

ところで、搾ったレモン果汁をそのまま置いておくと、芋臭、ムレ臭に感じられることがあります。シトラールは紫外線に弱く、酸化しやすいため、香りを保つのが難しい特徴があります。

要点BOX

- ●d-リモネンは、柑橘類の香りの主成分
- ●特徴的な香りには成分含有率と閾値が関係
- ●シトラールの含有率が高いレモングラス

レモンとオレンジの香り成分

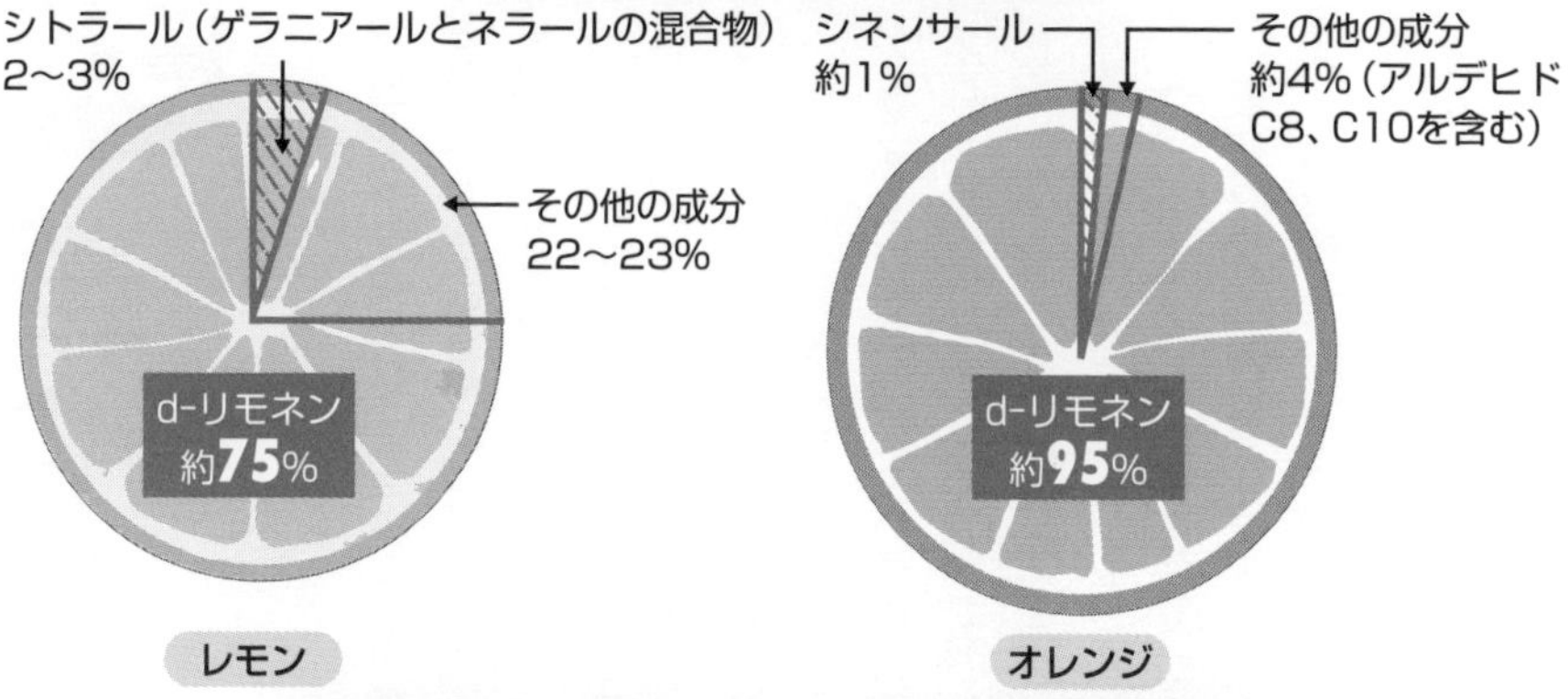

閾値を考慮した全体の香りへの各成分の影響

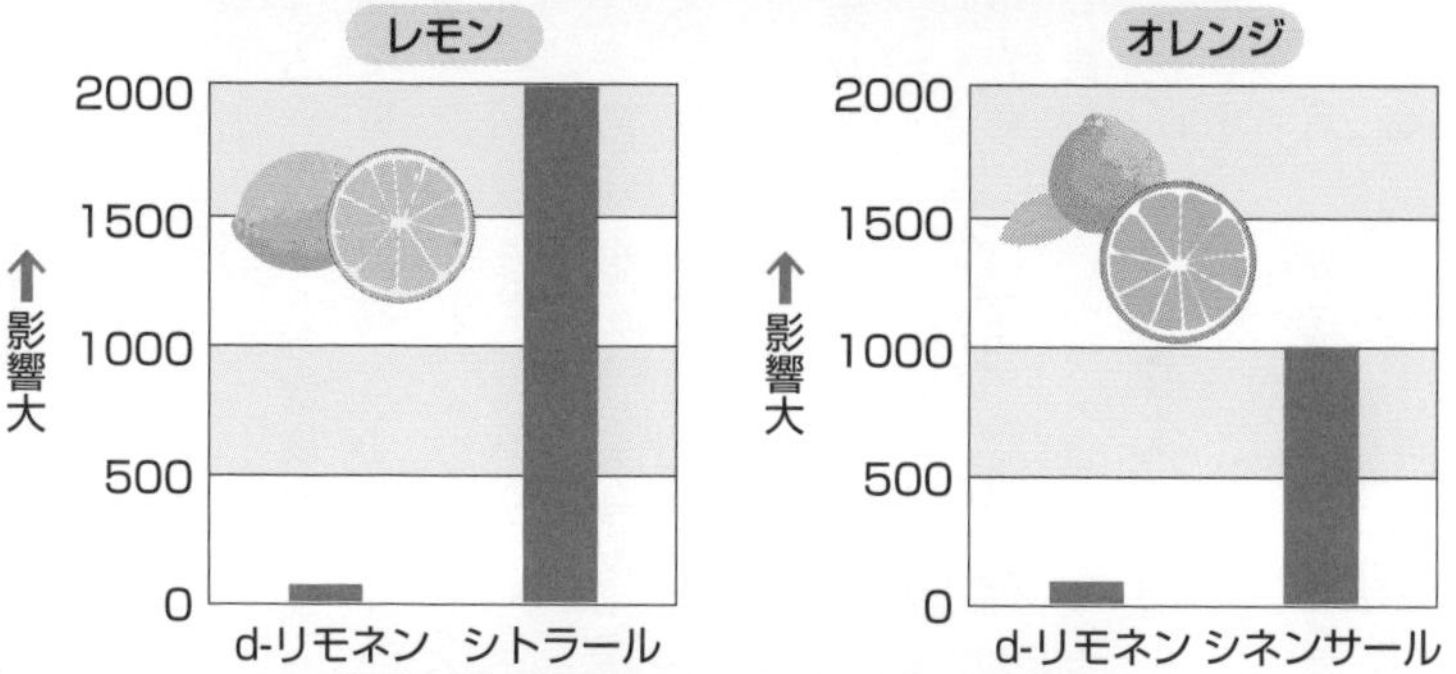

※各成分の含有率と各成分の閾値から算出した全体の香りへの影響度（オーダーバリュー）

レモン栽培状況（都道府県別）

都道府県名	栽培面積（ha）	収穫量（t）	出荷量（t）	うち加工向け（t）	主要産地名（市町村名）
広島	292.70	4,861.40	2,681.40	733.70	呉市、大崎上島町、尾道市
愛媛	139.80	1,721.20	1,619.20	375.00	今治市、松山市、愛南町
和歌山	50.70	720.50	588.30	10.50	紀の川市、湯浅町、有田川町
宮崎	26.70	294.90	246.00	58.50	日南市、宮崎市、高鍋町
熊本	23.90	225.80	194.30	2.90	芦北町、宇城市、天草市
香川	19.70	93.90	85.00	20.00	三豊市、観音寺市、高松市
佐賀	18.80	162.70	158.10	0.00	多久市、鹿島市、太良町
その他	81.50	554.30	580.10	36.70	
日本 計	653.80	8,634.70	6,152.40	1,237.30	

2020年（R2年）特産果樹生産動態等調査e-Stat　政府統計ポータルサイト　より

49 華やかな甘い香り

果物の特徴的な香り

果物はブドウ糖や果糖、ショ糖などの糖類による適度な甘味と、クエン酸やリンゴ酸、酒石酸などの有機酸による爽やかな酸味、多くの水分を含んだみずみずしさ、やわらかい果肉が特徴的ですが、果物らしさを特徴付けているのは甘くて強い香りです。それぞれの果物には200〜500種類程度の香り成分が含まれており、共通の成分も多く含まれています。果物によって香りが異なるのは、共通成分の構成比やそれぞれの果物の香りを特徴付ける成分の種類が異なるためです。

柑橘類にはテルペン炭化水素やテルペンアルコールが多く含まれており、桃には、ピーチアルデヒドと言われるγ-ウンデカラクトンが含まれています。そのほか多くの果物の甘くて強い香り（フルーティー）の正体は、主にエステル類（酸とアルコールから水を分離して生成される化合物）です。エステル類には、接着剤のにおいの酢酸エチルという成分もあります。接着剤のにおいというと不快臭と思われがちですが、それは酢酸エチルの濃度が高いからで、パイナップルをはじめとする果物には少量含まれています。

果物が熟してくると、デンプンの分解によって糖類が増えて甘味が強くなり、酸味が減ってきます。また、低分子の有機酸とアルコールが酵素反応してエステル類の生合成が増えて、香りが強くなります。最近では、食べ頃を見極めるためのにおいセンサーの活用が進んできています。

ところで、近年、海外でも日本酒が飲まれるようになってきました。フルーティーな香りで飲みやすいところが人気のようです。日本酒のフルーティーな香りの素もエステル類です。例えば、りんご、バナナ、パイナップルなどの共通成分で、青りんごのような香りがするカプロン酸エチルや、メロンなどに含まれ、バナナの香りの主成分でバナナエッセンスにも使用されている酢酸イソアミルも日本酒のフルーティーさを感じさせる成分なのです。

要点BOX
- ●フルーティーの素は主にエステル類
- ●エステルの種類と構成比で果物の香りが変化
- ●フルーティーな日本酒にはバナナなどの香り成分

エステル化

酢酸とエタノールからの酢酸エチルの生成

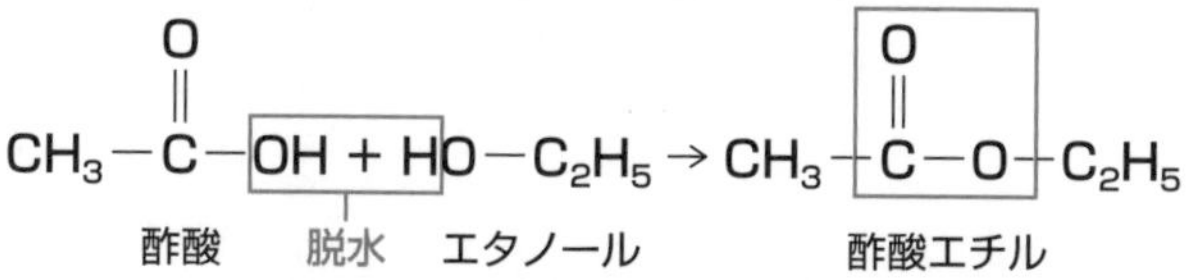

酢酸エチルのにおい

果物の香りの香調と主な香料

シトラスノート	フルーティーノート
香調 柑橘の香り 新鮮でさわやかな香り **主な天然植物性香料** ベルガモット（甘く芳醇なシトラスの香り） グレープフルーツ（フレッシュ感のあるシトラスの香り） レモングラス（フレッシュで草のようなレモンの香り） ライム（シャープでフレッシュなシトラスの香り） オレンジ（甘さのあるシトラスの香り） ゆず（軽やかでややグリーンを感じるシトラスの香り） **主な合成香料** リモネン（みずみずしいシトラスの香り） シトラール（レモンのような香り）	**香調** 柑橘以外の果物様の香り みずみずしく甘酸っぱい香り **主な天然植物性香料** アーモンド（甘いアーモンドの香り） **主な合成香料** プロピオン酸エチル（フルーツのような香り） 酪酸エチル（バナナ、パイナップルのような香り） 酢酸イソアミル（バナナ、メロンのような甘くフレッシュな香り） カプロン酸アリル（パイナップルのような甘酸っぱい香り） アントラニル酸メチル（ぶどうのような香り） γ—ウンデカラクトン（桃のような香り） ベンズアルデヒド（甘いアーモンドのような香り）

※シトラスノートの天然植物性香料は多いが、フルーティーノートの天然香料はほとんどない

50 野菜の新鮮な緑の香り

トマトやキュウリの香り

トマトはナス科ナス属の緑黄色野菜、キュウリはウリ科キュウリ属の淡色野菜ですが、ともに果菜類（果実または種実を食用にする野菜）で、夏野菜です。新鮮な緑の香りと、食べた時のみずみずしさも共通です。トマト、キュウリとも、切った時やかじった時に細胞が破壊されると、緑の香りが生成されます。

トマトの細胞が破壊されると、トマト細胞内の加水分解酵素（リパーゼ）によって、トマトの脂質が分解され、リノール酸やα-リノレン酸（脂肪酸）が生成されます。α-リノレン酸がリポキシゲナーゼという酵素の作用を受け、ヒドロペルオキシリノレン酸が生成され、さらにリアーゼという酵素の作用を受けてシス-3-ヘキセナールが生成され、その後、異性化酵素の作用によってトランス-2-ヘキセナールが生成されます。

シス-3-ヘキセナールと異性体トランス-2-ヘキセナールは、ともに青葉アルデヒドの別名を持ち、シス-3-ヘキセナールからは、青葉アルコールと呼ばれるシス-3-ヘキセノールも生成されます。3成分とも草や葉の香りの主成分で、香料として用いられています。

トランス-2-ヘキセナールは新鮮で爽やかな葉の香り、シス-3-ヘキセノールは新緑の若葉のような香りが感じられる一方、シス-3-ヘキセナールは草を千切った時のような青臭い香りに感じられます。また、リノール酸から生成されるヘキサナールは、大豆や草などの青臭さの主成分と言われ、食品では不快臭とされています。これらの成分によってトマトの香りが創られており、成分のバランスによってトマトが青臭く感じられたり、甘く感じられたりすることになります。

キュウリの香りも同様、細胞が破壊されることで、キュウリの特徴的な香りの主成分である2,6-ノナジエノール（キュウリアルコール）と2,6-ノナジエナール（すみれ葉アルデヒド）が生成されます。2,6-ノナジエノールは含有量が多く、いわゆるキュウリの青っぽくみずみずしさのある香りを構成しています。

要点BOX
- ●細胞が破壊され緑の香りが生成
- ●トマトの香りを構成する青葉アルデヒドと青葉アルコール

トマトの香り

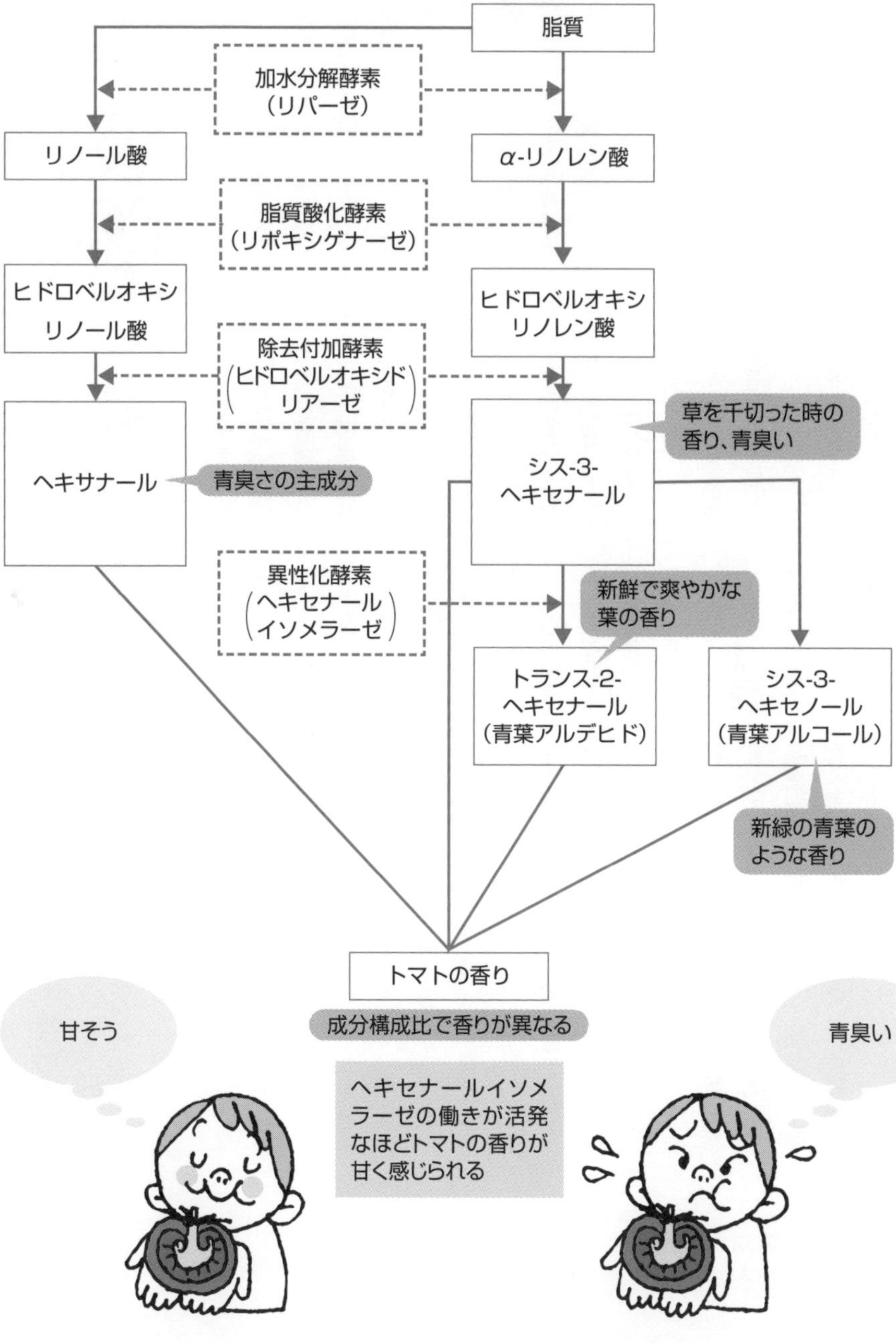

脂質
加水分解酵素（リパーゼ）
リノール酸
α-リノレン酸
脂質酸化酵素（リポキシゲナーゼ）
ヒドロペルオキシリノール酸
ヒドロペルオキシリノレン酸
除去付加酵素（ヒドロペルオキシドリアーゼ）
ヘキサナール
青臭さの主成分
シス-3-ヘキセナール
草を千切った時の香り、青臭い
異性化酵素（ヘキセナールイソメラーゼ）
新鮮で爽やかな葉の香り
トランス-2-ヘキセナール（青葉アルデヒド）
シス-3-ヘキセノール（青葉アルコール）
新緑の青葉のような香り
トマトの香り
成分構成比で香りが異なる
甘そう
青臭い
ヘキセナールイソメラーゼの働きが活発なほどトマトの香りが甘く感じられる

51 特有の香りは組織の破壊により発生

ネギ属野菜の香り

　ネギやニンニク、ニラ、タマネギはユリ科ネギ属の野菜で、特有の強い香りが特徴です。葉やりん茎（球根）の組織を切ったり潰したりして、細胞が破壊されると、細胞中のCS－リアーゼ（アリイナーゼ）酵素が含硫アミノ酸（イオウを含んだアミノ酸）であるシステインスルホキシド類を分解し、硫黄化合物が生成されます。これがネギ属野菜の特徴的な香り成分なのです。

　硫黄化合物と言えば、ガス漏れを知らせるための都市ガスの付臭剤や硫黄温泉の香りなどの成分でもあります。ネギ属野菜の特徴的な香りに影響しているのは、ジスルフィド（2つの硫黄が繋がった官能基（－S－S－）を持つ）です。

　ネギやタマネギはジプロピルジスルフィドを多く含んでおり、ジプロピルジスルフィドを嗅ぐとタマネギ臭と思えるほどです。

　ニンニクの場合は、ジアリルジスルフィドを多く含んでおり、これがニンニクの独特な香り成分です。アリインという成分にCS－リアーゼが作用してアリシンなどを生成します。アリシンは不安定な化合物であるため、速やかにジアリルジスルフィドに変化します。

　ニラやラッキョウは、たくあんのにおいとも言われるジメチルジスルフィドを多く含んでいます。アブラナ科の野菜を切ったり、茹でたりした時にも、イソチオシアネートが分解されてジメチルジスルフィドが発生します。

　ブロッコリーやキャベツを茹でた時に鍋の蓋を開けると、石油や消毒のにおいが感じられたことがあるかもしれませんが、ジメチルジスルフィドの発生によるもので、濃いとそのように感じられることがあります。

　また、ネギ属野菜の特徴的で強い香りは、香辛料のように使用されることもあります。ネギ属のように香りのある食品素材を食用油に入れて加熱し、香りや味を油に移したものを香味油と言い、代表的なものにラー油やネギ油などがあります。

要点BOX
- ●ネギ属野菜の香り成分は硫黄化合物
- ●香味油にも使用されるネギ属野菜

香味油の例

種類	素材	作り方
ラー油	トウガラシ	ごま油など植物油に唐辛子を加え加熱し辛味をつけた油
ネギ油	ネギ	低温の油でじっくりネギを揚げて香りをつけた油
マー油	ニンニク	ニンニクなどの香味野菜を揚げて香りをつけた油

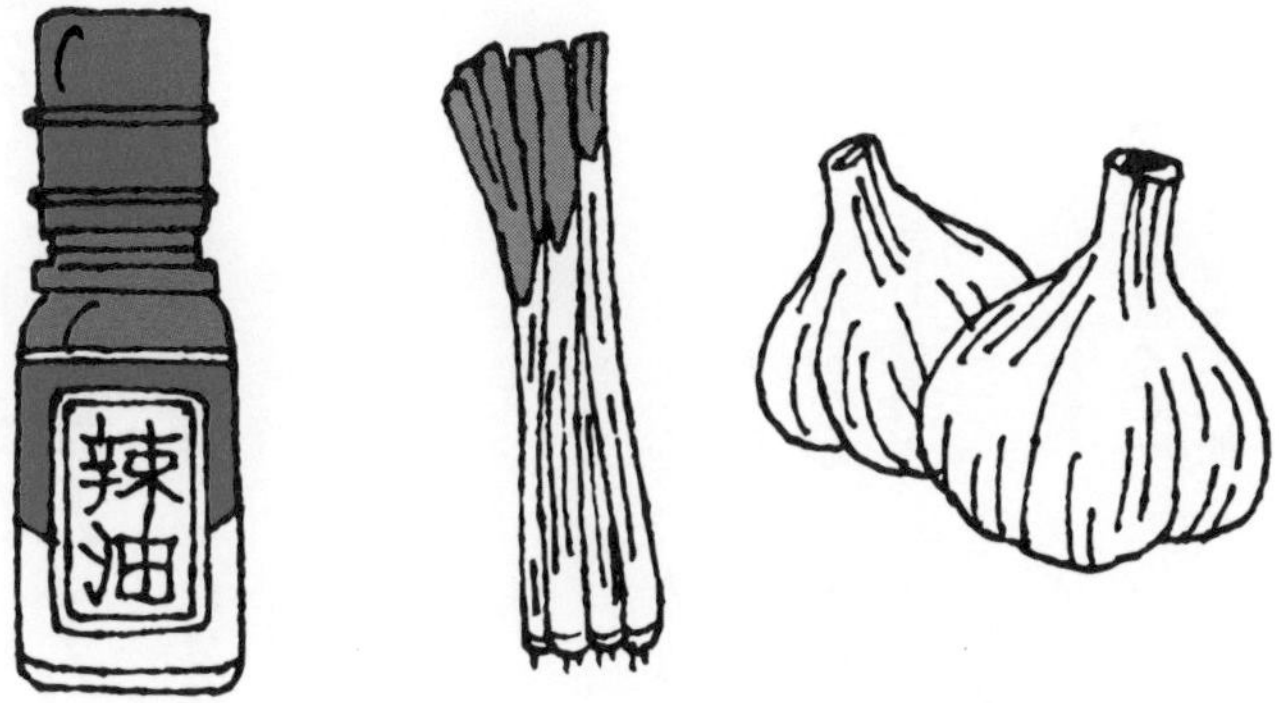

硫黄化合物（ジメチルスルフィド）の香りの強さと印象の関係

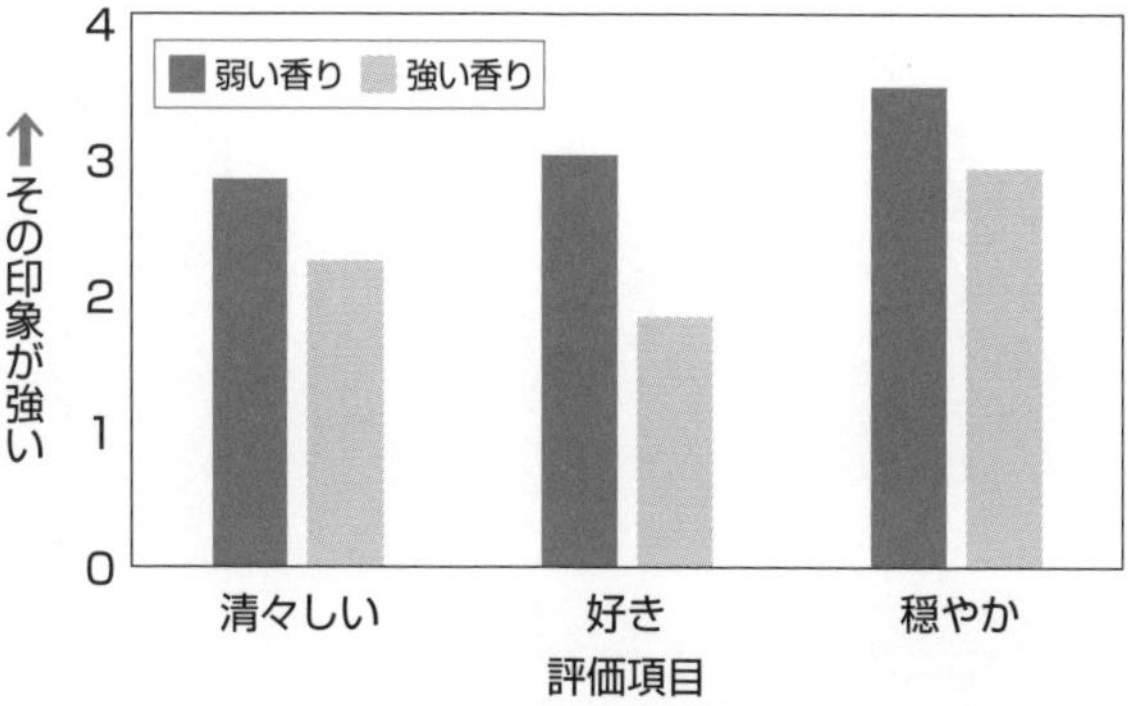

香りが強くなると、清々しさ、穏やかさの印象が低下し、嗜好性も低下している。同じ成分でもその香りの強さによって、印象が変化し、嗜好性に影響する。

【文献】磯崎 文音，光田 恵，棚村 壽三:硫化メチルの濃度差における臭気質変化に関する研究、においかおり環境学会誌、48(2)、pp.130-139、2017

52 加熱調理により生じる新たな香り

香ばしい加熱香気

数百万年前から数十万年前に、人は火を使い始め、燃える草木の香りや焼いた肉の香りといった香ばしい香りと出会ったと考えられています。

ほとんどの食材は煮る、焼く、炒める、揚げる、蒸すという加熱調理によって色味が変化し、安全性、保存性、食べやすさ（やわらかくなる、かさが減るなど）、栄養（栄養素の吸収など）などが高まります。そして、多くの場合、味、香りが良くなり、おいしさが向上します。加熱調理によって様々な反応が起こり、加熱前の食材には存在しなかった香り成分が生じ、新たな香りが創られるのです。

加熱調理で発生する新たな香りは、食品中の糖質、タンパク質、脂質などが反応した生成物によるものです。その主な反応がアミノ・カルボニル反応です。加熱によってカルボニル化合物（糖など）とアミノ化合物（アミノ酸、ペプチド、タンパク質）が分解・重合する反応で、ピロール類やピリジン類、フラン類などの香り成分が生成されます。

さらに加熱温度を上げると、加熱香気は焦げたような香りになり、メラノイジンという褐色の色素が生成され、焦げたような色が付きます。これをメイラード反応と言います。

メイラード反応の副反応として生じるのがストレッカー分解で、α-ジカルボニル化合物とα-アミノ酸の反応が起こり、食欲をそそる香ばしい香りのアルデヒド類やピラジン類などが生成されます。これらの香りのことを加熱香気と呼んでいます。

例えば、小麦粉に砂糖を入れて作るパンは、加熱すると、150℃前後で急速にメイラード反応が進み、きつね色になり、香ばしい香りがするようになります。

加熱香気は、その食材の糖やアミノ酸の種類、加熱温度、一緒に調理する他の食材の成分などの影響により、甘い香り、ナッツ様の香り、ロースト様の香りなどの違った香り成分が生成されます。

要点BOX
- ●加熱調理は煮る、焼く、炒める、揚げる、蒸す
- ●アミノ・カルボニル反応で発生する加熱香気

加熱調理による香り成分の生成

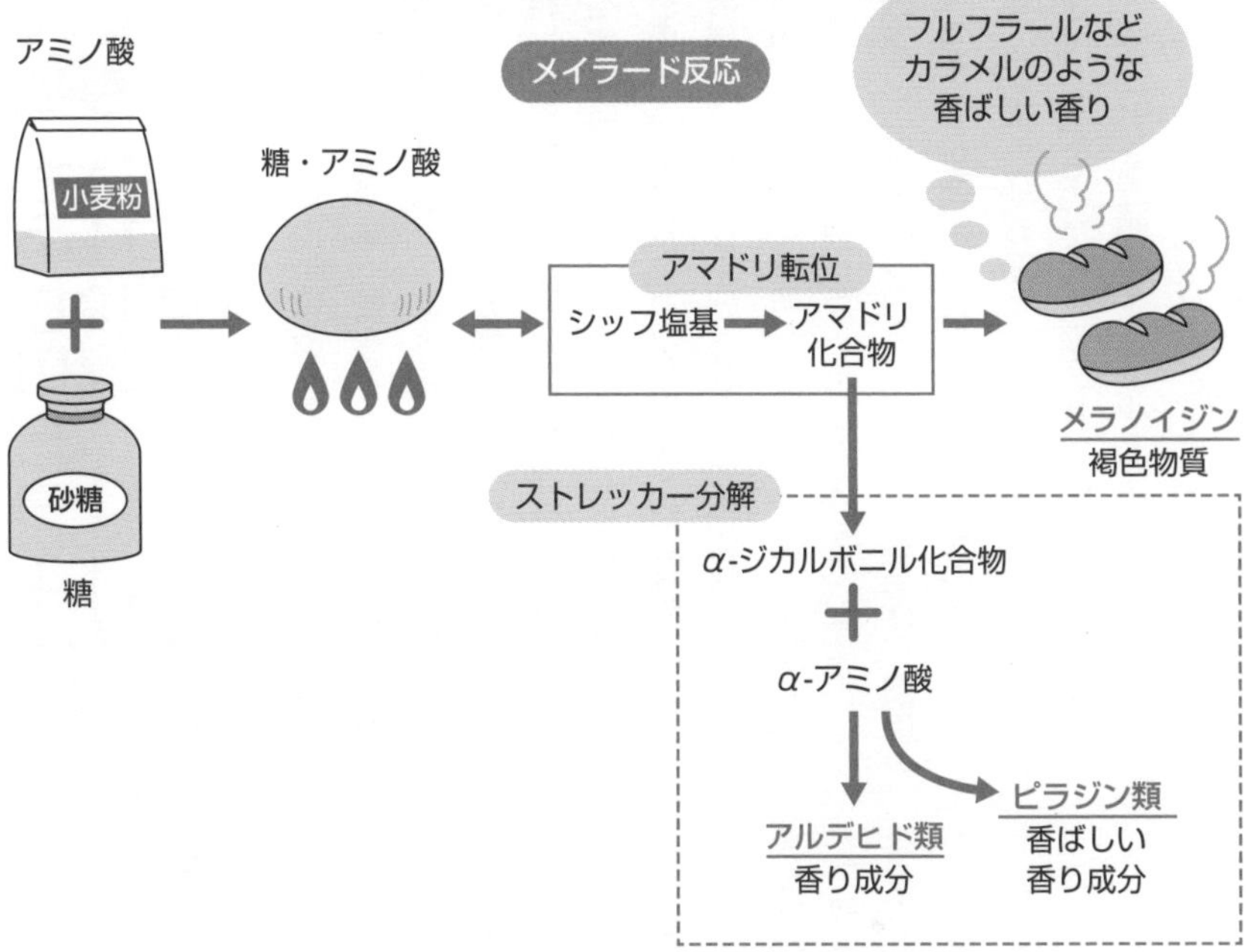

メイラード反応を利用している料理、調味料の例

53 高温高圧殺菌調理で活躍する香料

レトルト食品の香り

食品売り場には、調理済みのレトルト食品、冷凍食品、惣菜などが多く並んでいます。これらの調理済み加工食品は、野菜や魚介類、肉などの素材に、野菜や肉などから抽出した調味成分のうま味エキス、調味料、香辛料などを加えて加熱調理したものです。

食品加工は、加工や流通の過程で香りが減少することがあり、補香（補強）のために香料が使われます。多くの場合、香料は調味成分と一体に加工食品に配合され、加工食品のおいしさを醸し出すために使われており、これを調理フレーバーと呼んでいます。

調理済み加工食品の中で、レトルト食品は、調理した食品をレトルトパウチ（気密性や遮光性のある容器）に詰め、高温高圧殺菌（120℃前後で数分～数十分間程度）したもので、常温で長期保存が可能です。この高温高圧殺菌装置を「レトルト」と言います。レトルト食品には、カレーやパスタソース、ハンバーグなど数多くの商品があり、様々な香料が調理フレーバーとして用いられています。高温高圧で殺菌と同時に加熱調理を行うため香料には耐熱性が要求されます。また、高温高圧殺菌中に起きるアミノ・カルボニル反応（52項）を利用し、その反応で香ばしくておいしそうな香りになる香料も使われます。

一方、レトルト食品から独特のムレ臭が感じられることがあるかもしれません。レトルト食品によっては、卵や肉などのように含硫アミノ酸を比較的多く含む食材が使われています。含硫アミノ酸が加熱されることで硫黄化合物が生成され、オフフレーバーの原因となることがあります（46項）。そこで、オフフレーバーの発生自体が抑えられるように工夫されたり、オフフレーバーをカバーするための香料が使用されたりします。

こうした香料の使用によって、食品中の好ましくないにおいを選択的にマスキングすることができ、本来の食品の風味を損なわずおいしさを維持させることができるのです。

要点BOX
- ●香料と調味料を一体化した調理フレーバー
- ●オフフレーバーをカバーするマスキング香料

レトルトカレーの製造工程の例

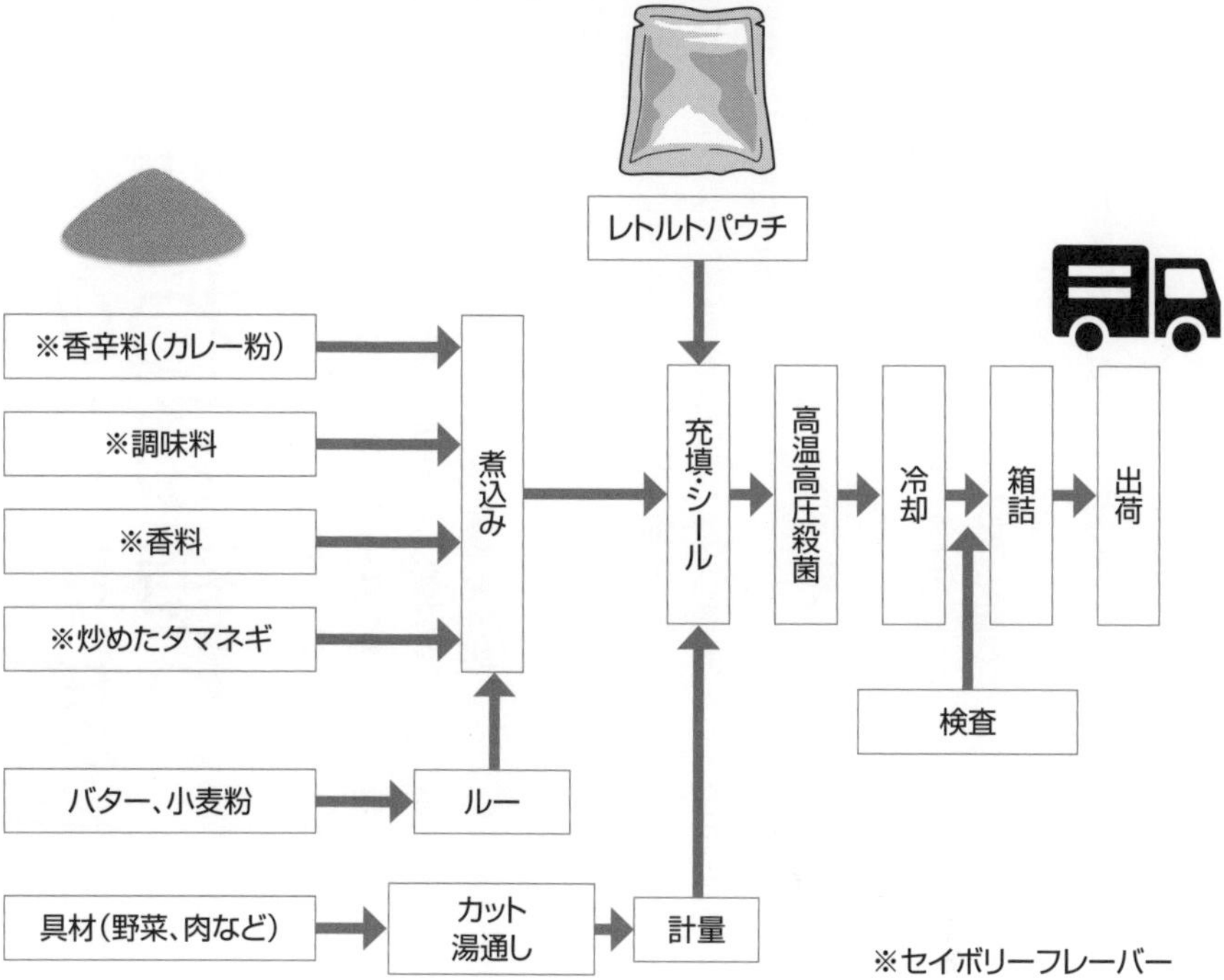

セイボリーフレーバーとオフフレーバー

セイボリーフレーバー

塩味をベースとする加工食品に使用される香料、香辛料、調味料等、多くの素材からなり、形状も液状、ペースト状、粉末状と様々である。

オフフレーバー

ISOの定義では、外部からの臭気成分の混入によるものを「異臭」、食品に含まれる成分の劣化により生じる不快臭を「オフフレーバー」としているが、一般社団法人オフフレーバー研究会では、食品に本来含まれる成分の増減や外部からの臭気成分の付加により生じる異臭をオフフレーバーとしており、本書でも食品異臭をオフフレーバーとして扱っている。

54

豆の焙煎度合いで変わる香り

コーヒーの香り

アカネ科コーヒーノキ属に実る果実（コーヒーチェリー）から種子を取り出し、200℃前後で10～15分間くらい焙煎したものがコーヒーの焙煎豆です。私たちは、それをミルなどで挽いて粉砕したものを湯や水で抽出し、コーヒーとして飲んでいます。

コーヒーの香りと味には、産地、焙煎度合、挽き具合、抽出の仕方（温度、時間、水の種類など）などが関係します。なかでも香りに関係が深い要素として、「焙煎」があげられます。

コーヒーの生豆を焙煎することで、香りに関係する4つの化学反応が生じます。褐色のコーヒー豆になるのは、「アミノ・カルボニル反応（52項）」によるものです。このほか、「熱分解」「カラメル化」「加水分解」が起こり、多様な香り成分が生成されているのです。

アミノ・カルボニル反応が、コーヒー豆の中の糖とアミノ酸によるものであるのに対して、「カラメル化」は糖だけの反応で起こります。プリンのソースなどに使われるカラメルソースを作る時に砂糖に水を入れて煮詰めると、茶色になり香ばしい苦みのあるソースができます。これが「カラメル化」です。

アミノ・カルボニル反応は150℃前後で急速に進み、165℃を超えると、カラメル化により特有の香りが出てきます。この2つの反応は同時に起こります。

また、165℃程度になると、「加水分解」による反応が激しくなり、コーヒー豆に含まれているクロロゲン酸がキナ酸とカフェ酸に分解されます。「熱分解」では、約100℃でショ糖が化学反応を起こし、ギ酸、酢酸などの有機酸が生成され、酸味が増します。

コーヒーに含まれている香り成分にはアルデヒド類、ピラジン類、フラン類など、800種類以上が知られており、各香り成分のバランスで、コーヒーの香りが成り立っているのです。焙煎温度、時間によっても生成される香り成分に変化が起こり、コーヒー全体の香りに影響を与えることになります。

要点BOX

- 800種類以上あるコーヒーの香り成分
- 各成分の絶妙なバランスで成り立つ香り
- 焙煎過程の化学反応により生成される香り成分

コーヒー豆の焙煎温度と香りに関係する各種反応の関係

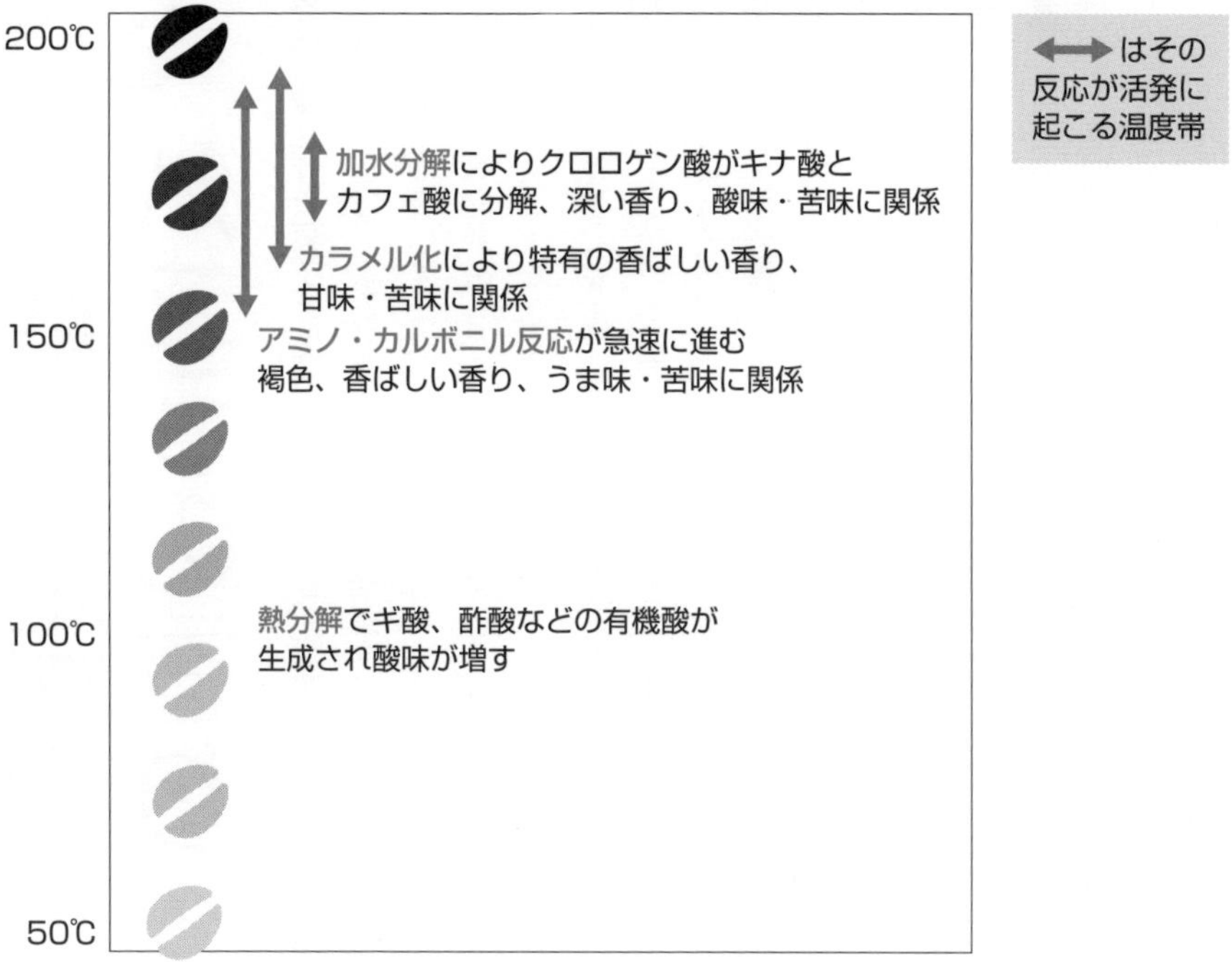

焙煎度合いと香ばしい香り・苦味の関係

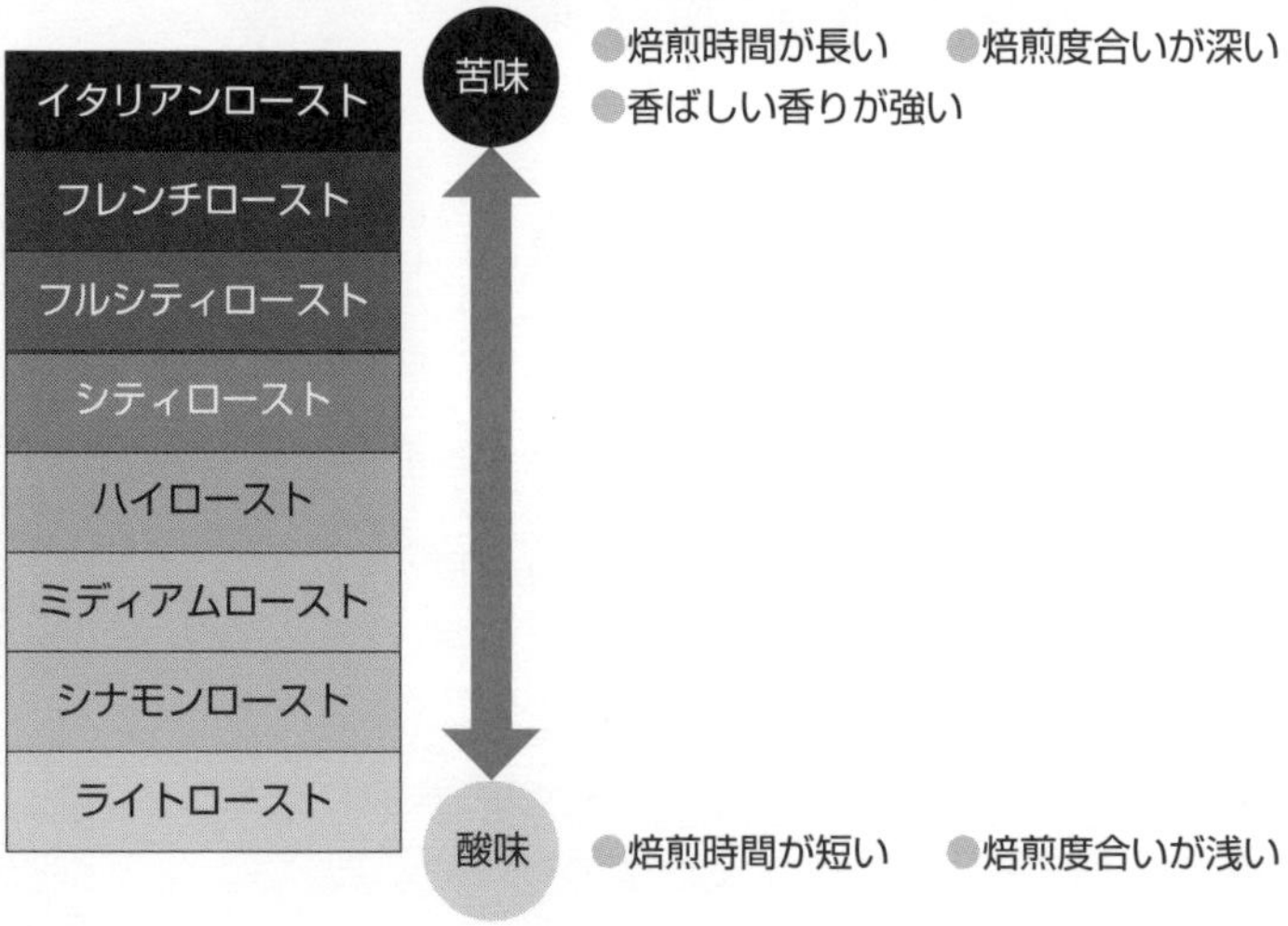

55 冷菓の定番バニラの香り

冷菓は、凍らせた菓子と思われがちですが、実際には凍らせたり、冷やしたりして作った菓子全般を指します。冷菓のうち、アイスクリーム（乳固形分15・0%以上、うち乳脂肪分8・0%以上）は牛乳や乳製品（クリーム、バターなど）に砂糖や油脂などを配合したものに、必要に応じて食品添加物（乳化剤、安定剤など）などを加え、加熱（30～70℃）して溶解させて「アイスクリームミックス」を作ります。それを均質化してから加熱殺菌し、冷却後、0～5℃でしばらく貯蔵して滑らかな質感にします。その後、空気を含ませながら、半凍結（-2～-8℃）の状態で容器に詰め、-30℃以下で硬化させます。

アイスクリームの定番はバニラです。バニラはラン科バニラ属のつる性植物で、黄緑色の花が咲き、緑色の細長いさや状の実をつけます。花ではなく、実が香料になります。青臭い香りしかしない豆の詰まった細長いさやを丸ごと何回も発酵・乾燥させ、甘い香りを創り出します。さやの中の小さな無数の種が、バニラビーンズと呼ばれるバニラ香料の原料です。しかし、このような天然のバニラ香料は生産が難しく、高価なため、ほとんどの場合、バニラの香りにはその主成分である合成香料のバニリンが使用されています。

アイスクリームにはバニラだけでなく、果汁、抹茶、コーヒー、ミントなどの様々な種類があり、それらの香りを強化、補香するために香料が用いられています。その香料は熱による劣化が少ないこと、アイスクリームミックスに均一に分散すること、凍らせた状態でも香り立ちが良いことが使用条件です。熱による劣化が少ないのは油溶性香料ですが、分散性や香り立ちに劣ります。そのため多くの場合、アイスクリームミックスの加熱殺菌後、冷却から半凍結の間で水溶性香料を添加します。これによって熱に弱いという水溶性香料の欠点を補うことができ、長所である分散性や香り立ちの良さを活かすことができるのです。

要点BOX
- ●合成香料が使われるバニラの香り
- ●分散性があり香り立ちの良い水溶性香料
- ●香りの熱劣化が防げる殺菌後の香料の添加

アイスクリームの香り

アイスクリーム製造工程と香料添加工程の例

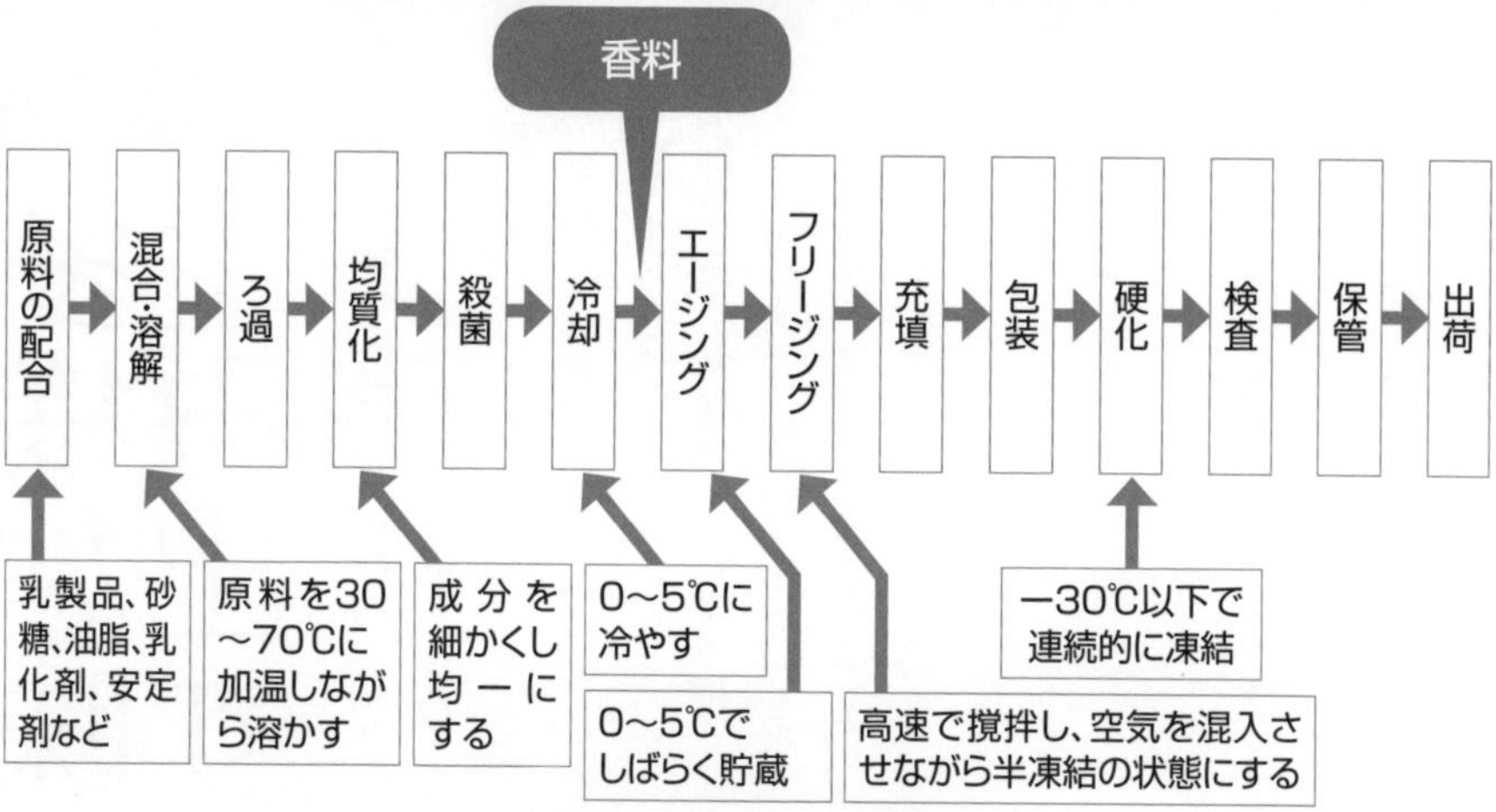

バニラの香りの生成

栽培から甘い香りを引き出すまで手間のかかる作業が必要

- 苗を植えてから開花して実をつけるまでに3年以上かかる
- 花の開花期間はわずか1日と短い(このタイミングで受粉させて実らせる)
- 自家受粉できず、花に香りがなく誘引作用もないため、ほとんど人工で受粉させる

- 受粉して7〜8か月したらバニラビーンズの入ったさやを摘み取る

- キュアリングという加熱、保温、乾燥作業を2〜3週間、繰り返し、ゆっくり発酵・熟成させる
- さやは緑色から黄色、茶色へと徐々に変色し、最終的には焦げ茶色になり、特有の甘い香りが感じられるようになる
- さやの中にある無数のビーンズを取り出して香料として使用する
- バニラはサフランに次いで貴重な香料とされる

56 多様な味わいを生み出す香り

キャンディの香り

キャンディは砂糖60〜80％、水飴20〜40％の比率で混合したものを、焦げないように150℃くらいまで加熱して煮詰めた後、100〜130℃に冷やして、食品添加物（香料、酸味料、着色料など）を加えた後、成形して固めたものです。

高温で加熱して水分含量が2％程度で硬く仕上げたものをハードキャンディ、低温で加熱して水分含量が5％以上で柔らかく仕上げたものをソフトキャンディと言います。ハードキャンディにはドロップやタフィなどがあり、ソフトキャンディにはキャラメルやヌガーなどがあります。

ソフトキャンディの味は、果汁やドライフルーツなどを加えることで、バリエーションを増やすことが可能ですが、ハードキャンディの味は甘味と酸味だけです。フルーツキャンディとして色付けをして見た目が特定のフルーツのような色でも、口に入れて味わうと、甘味と酸味しか感じられないのです。そこで、それぞれのフルーツらしさを出すために香料が活躍します。

キャンディには、各種フルーツ、コーヒー、ミルク、ミントなど、様々な香りの商品があります。香料の良し悪しが商品のおいしさに直結していると言っても過言ではありません。香料は砂糖や水飴を煮詰めた後、冷やしてから添加しますが、それでも100℃以上あり、熱に強くなければ香りの消失や変化が起こることがあります。そのため多くの場合、耐熱性の油溶性香料が使用されています。

ところで、キャンディの香りの種類を味わうには、香料が添加されただけでは成り立ちません。例えば、鼻が詰まっている時にフルーツキャンディを食べると、フルーツの種類の区別はなかなかできないのです。なぜなら「レトロネーザルアロマ」（13項）を感じることができないからです。それぞれのフルーツらしさを感じるには、香りが嗅細胞へ運ばれるように鼻腔内の通り道が確保されていることも大切なのです。

要点BOX
- ●ハードキャンディの味は甘味と酸味
- ●キャンディにバリエーションを与える香料

ハードキャンディの製造工程と香料添加の工程の例

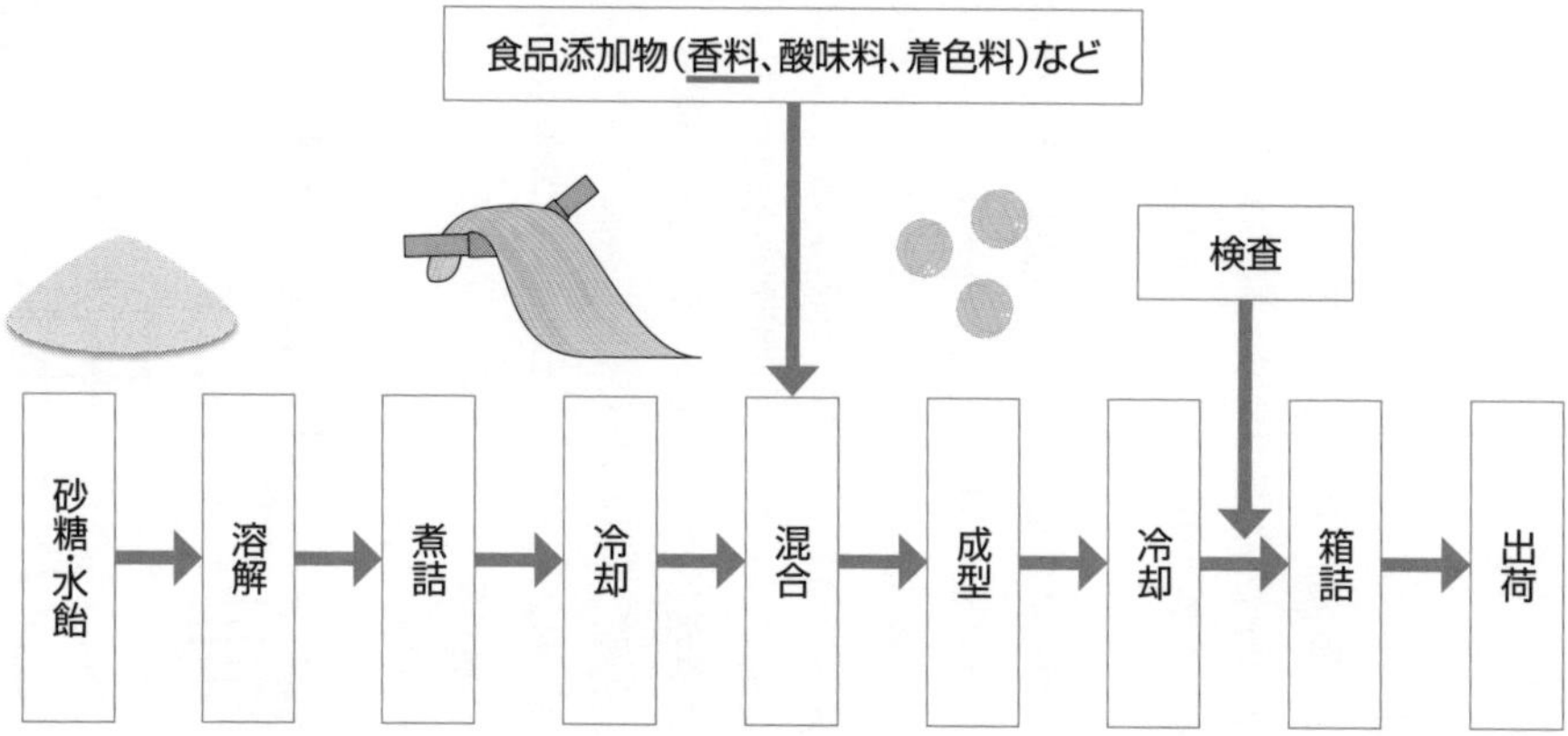

香りと味の関係

どれも同じく甘くてすっぱい味
レトロネーザルアロマが感じられない
香料の機能が活かされない

キャンディのいちご風味、レモン風味などの違いがはっきりと分かる
レトロネーザルアロマが感じられる
甘味、酸味と香りが一体となり、フルーツの風味が味わえる

57 発酵度の違いで香りも違う

お茶の香り

チャノキ（茶の木）はツバキ科の植物で、学名をカメリアシネンシスと言います。緑茶やウーロン茶、紅茶は味、色、そして香りが異なりますが、すべてこの木の茶葉から作られています。違うのは発酵の度合です。

緑茶は、茶葉を摘み取ってからすぐに加熱し、発酵しないようにした不発酵茶です。ウーロン茶は、茶葉に含まれる酸化酵素による発酵を加熱して途中で止めた半発酵茶、紅茶は、茶葉を完全に発酵させた完全発酵茶です。ウーロン茶や紅茶を淹《い》れたお茶が赤っぽくなるのは、発酵によって茶葉に含まれているカテキンが酸化するためです。

これらの茶の香りが異なるのは、香り成分に違いがあるためです。緑茶には、200種類以上の香り成分が含まれており、ウーロン茶、紅茶と発酵が進むにつれて香り成分が生成され、紅茶では600種類以上になります。

緑茶の特徴的な香りは、若葉の爽やかな香りのシス-3-ヘキセノール（50項）、スズランやラベンダーのような香りのリナロール、バラのような香りのゲラニオールなどによるものです。発酵が進むにつれて、リナロールやゲラニオールが多くなり、花や木のような香りのネロリドール、桃のような香りのジャスミンラクトンなど、緑茶にはなかった花や果実のような華やかな香りが加わり、緑茶独特の青臭さが抑えられていきます。

なお、ほうじ茶も不発酵茶ですが、茶葉を摘み取ってからすぐに加熱して発酵を止めた後、焙煎して作られます。アミノ酸と糖が高温で加熱されることでピラジン類が生成され、ほうじ茶に特徴的な香ばしい香りが生まれます。

香料には緑茶やウーロン茶、紅茶などの茶香料がありますが、ペットボトルなどの茶飲料では、抽出した茶葉の香りを活かすためにほとんど使われていません。茶香料が使われているのは、お茶（抹茶も含む）の風味の冷菓、デザート、キャンディ、菓子などです。

要点BOX

- ●緑茶、ウーロン茶、紅茶は発酵度の違い
- ●発酵が進むと花や果実の香りが加わり、みずみずしい青葉の香りが低減

茶の香りの違い

チャノキ
（茶の木:Camellia sinensis）

不発酵茶		
加熱（発酵を止める）	→	焙煎
緑茶		ほうじ茶
シス−3−ヘキセノール（青葉アルコール）など		コーヒー、焙煎したナッツ、焼いた牛肉などにも含まれる香ばしい香り成分ピラジンなど
爽やかな新緑の香り		香ばしい香り

茶葉中の酵素による酸化発酵		
半発酵茶	→	完全発酵茶
ウーロン茶		紅茶
発酵が進むとリナロール、ゲラニオールが増え、ネロリドール、ジャスミンラクトンなど花や果実のような香り成分が増加		

花や果実のような華やかな香り
青臭い香りは抑えられる

茶葉の香りを空間で楽しめる茶香炉

茶葉を熱してその香りを楽しむ香炉

- ろうそくや電熱を熱源として上部の皿に茶葉を載せて香りを楽しむ
- 煮出し終わった茶葉の再利用でも楽しめる

Column

野菜の苦味を感じない？

口腔内には、基本味（甘味、塩味、酸味、苦味、うま味）を受け取る味覚受容体が多く存在しています。舌表面に多くあり、喉にも分布しています。そこには数多くの突起（「乳頭」という）があって、その中の味蕾《みらい》に味覚受容体があります。基本味それぞれ、受け取る味覚受容体が異なっており、例えば甘味は甘味受容体で受け取り、その情報が神経を伝わって脳に届き、脳が甘いと判断します。

甘味受容体、塩味受容体、酸味受容体、うま味受容体は1種類で、例えば甘味受容体は、その1種類で全ての甘味（ショ糖、果糖、ブドウ糖、高甘味度甘味料など）に反応します。しかし、苦味受容体は25種類あります。苦い味というのは毒の可能性があり、毒を食べてしまって健康を害することがないように、人間は苦味を敏感に感じるようになっています。それが苦味受容体の種類が多いという理由と考えられます。

キャベツやブロッコリーなどに含まれる「フェニルチオカルバミド」という苦味成分は、25種類ある苦味受容体の1つに反応しますが、その受容体を持っていなければ苦味を感じません。その受容体を遺伝的に持っていない日本人は、約10％いると言われています。一方、キャベツやブロッコリーが嫌いという人は、フェニルチオカルバミドが苦味受容体に強く反応しているのかもしれません。味には、ほかに辛味や渋味、えぐ味もありますが、これらは神経を刺激して感じる感覚で、基本味とは区別されています。

辛味は味細胞を介さず、味蕾の近くにある神経の自由末端によって受容されるため、痛覚、触覚などの体性感覚の一部として研究されています。受容する分子は一部の味覚受容体と同様にチャネルを介して受容されているようです。

辛味受容体は2種類が明らかにされており、唐辛子のカプサイシンを受容すると開くチャネルと、マスタードやワサビの辛味成分を受容すると開くチャネルがあります。

唐辛子の辛さは熱く、マスタードやワサビの辛さは冷たい感覚を人に与えます。カプサイシンの受容体は熱刺激で、後者の受容体は冷刺激によっても開くことが明らかにされています。

第6章

暮らしの中の香り

58 香料の安全性

香料の規制

香料の用途は、フレグランス（香粧品香料）とフレーバー（食品香料）に分類され、用途別に安全性に関する法的規制を受け、同時に化学物質としての規制も受けています。

フレグランスにおける安全性への取り組みは、世界各国のフレグランス製造者およびその協会から構成されるIFRA（イフラ、1973年設立）が、RIFM（リフム、1966年設立）との連携のもと、長期にわたって安全性に関する科学的な判断に基づいたリスク管理を、グローバルな自主規制（通称：IFRA規制）として行っています。

国内の各香料会社は日本の規制に加えてIFRA規制を遵守し、フレグランスの安全性確保に努めています。フレグランスは、その用途によって該当する規制が異なります。日本では、雑貨に該当する衣料用洗剤や芳香剤などの製品は、すべて化審法（化学物質の審査及び製造等の規制に関する法律）で規制され、主に生分解性を中心とした安全性試験が行われます。また、化粧品や医薬部外品に該当する製品は、薬機法での規制になります。

フレーバーは、ほぼ毎日摂取する食品に用いられるため食品衛生法のもとで食品添加物の1つとされ、規格や基準が定められています。この中で香料は天然香料と指定添加物に分類され、天然香料以外は、安全性が確認され厚生労働大臣によって認められたもののみが使用基準（着香の目的）に従って使用できるようになっています。

食品添加物は、「食品添加物の指定及び使用基準改正に関する指針」で定められた各種試験で安全性が確認されることが必要であり、当該物質の投与によって有害作用が観察されない最大投与量を判定して、その結果に基づいて「毎日摂取しても健康を損なうおそれのない許容一日摂取量（ADI）」が設定されています。

要点BOX
●香料は用途別に安全性の法的規制を受ける
●フレーバーは食品添加物
●暮らしの中の香料は数々の規制をクリア

香料関連の主な規制（香粧品と食品について）

		公的機関・規制	民間団体
香粧品	国際的組織		国際香粧品香料協会（IFRA: International Fragrance Association） 香粧品香料原料安全性研究所（RIFM:Research Institute for Fragrance Materials）
	日本	厚生労働省・薬機法（医薬品、医療機器等の品質、有効性及び安全性の確保等に関する法律）	日本香料工業会・香料GMP
	アメリカ	アメリカ食品医薬品局（FDA）・ 連邦食品・医薬品・化粧品法	米国香粧品香料工業会（FMA）、 現在「IFRA北米」に移行
	欧州	欧州連合（EU）・ 欧州化粧品令 76/768/EEC	欧州香料工業会（EFFA）
食品	国際的組織	FAO/WHO合同食品添加物専門家会議（JECFA）・国際食品規格	国際食品香料工業協会（IOFI）
	日本	厚生労働省・食品衛生法 農林水産省・JAS法	日本香料工業会・香料GMP
	アメリカ	アメリカ食品医薬品局（FDA）・ 連邦食品・医薬品・化粧品法	米国食品香料工業会 （FEMA）
	欧州	欧州委員会・ EUフレーバー指令88/388/EEC	欧州香料工業会（EFFA）

香料は、フレグランス、フレーバーとして数々の規制を
クリアすることにより安全性を確認して生活の中で使用されている

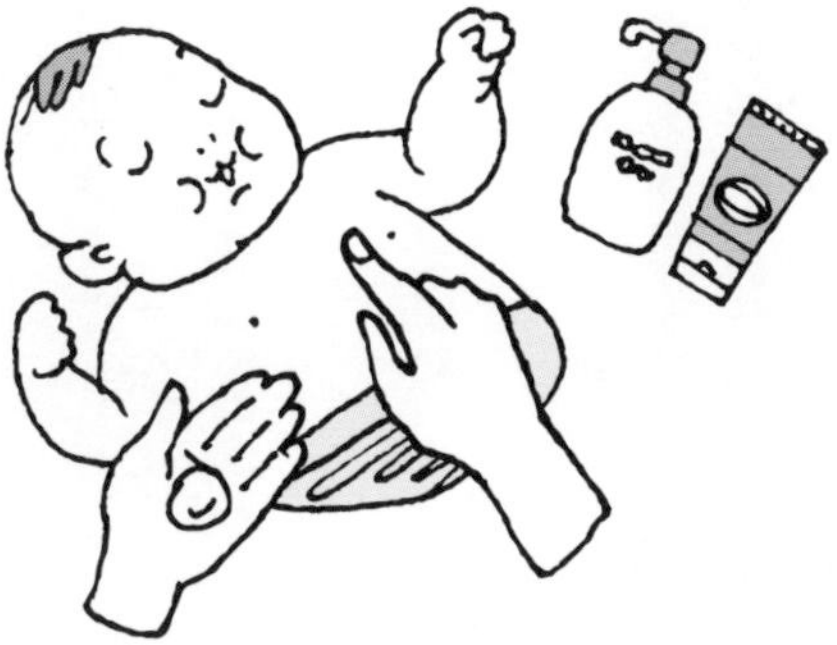

59 心身の健康と香り

アロマテラピー

アロマテラピーは、日常生活のストレスや心身の不調などをケアする健康管理法の1つとして知られています。植物から抽出した香り成分である精油は、様々な場面で使用されています。

例えば、ローズマリーやユーカリは、その精油の中の1,8－シネオールという成分が抗菌、抗ウイルス作用を持っており、各種感染症の対策としての効果が期待できます。シトロネラやレモングラスは、成分の1つであるシトロネラールが蚊を寄せ付けにくい性質を持つため、虫除けとして利用されています。

身体の不調に対処する精油として、ラベンダーやクラリセージ、柑橘系の精油があげられます。ラベンダーは、火傷の治りが早いだけでなく、酢酸リナリルとリナロールという成分の組み合わせにより、精神的、肉体的リラックス効果があります。また、ストレスや不眠症、神経過敏症などの改善に役立ちます。クラリセージのスクラレオールという成分は、女性ホルモン様の作用を持ち、月経や更年期のつらい症状を緩和する作用があると言われています。

柑橘系の精油に多く含まれるd－リモネンは、血圧を下げる作用や胃腸の動きを促進する作用があります。日頃の健康管理にレモンやオレンジなどの精油を1滴、ティッシュなどに垂らして、自分の近くに置くことで簡単に芳香浴をすることができます。ホホバオイルなどに好みの精油を数滴加えて手作りスキンケアオイルにしたり、無香料のバスオイルに精油を加えてバスタイムを楽しんだりすることもできます。

精油は、植物の香り成分が濃縮されたもので高濃度です。植物の産地や学名、抽出部位、抽出方法などが記載されている精油を選び、注意点を守って使用することが大切です。特に、妊婦や子ども、ペットには特別の配慮が必要です。子どもは身体が小さく、成人に比べて精油が強く作用することがあるためです。

要点BOX
- ●菌やウイルスから守るローズマリー精油
- ●身体の不調に対処してくれるラベンダー精油
- ●女性特有の不調の改善にクラリセージ精油

精油を使用するときの主な注意事項

1. 飲んではいけない
2. 原液を直接肌につけない
3. アレルギーテストをする
4. 保管場所（遮光）と使用期限（1年以内）を守る
5. 安全な精油を選ぶ
6. 精油は薬ではない
7. 通院または投薬中に使用する場合には医師に相談する

ラベンダー
精神的、肉体的
リラックス効果

ローズマリー
抗菌、抗ウイルス作用

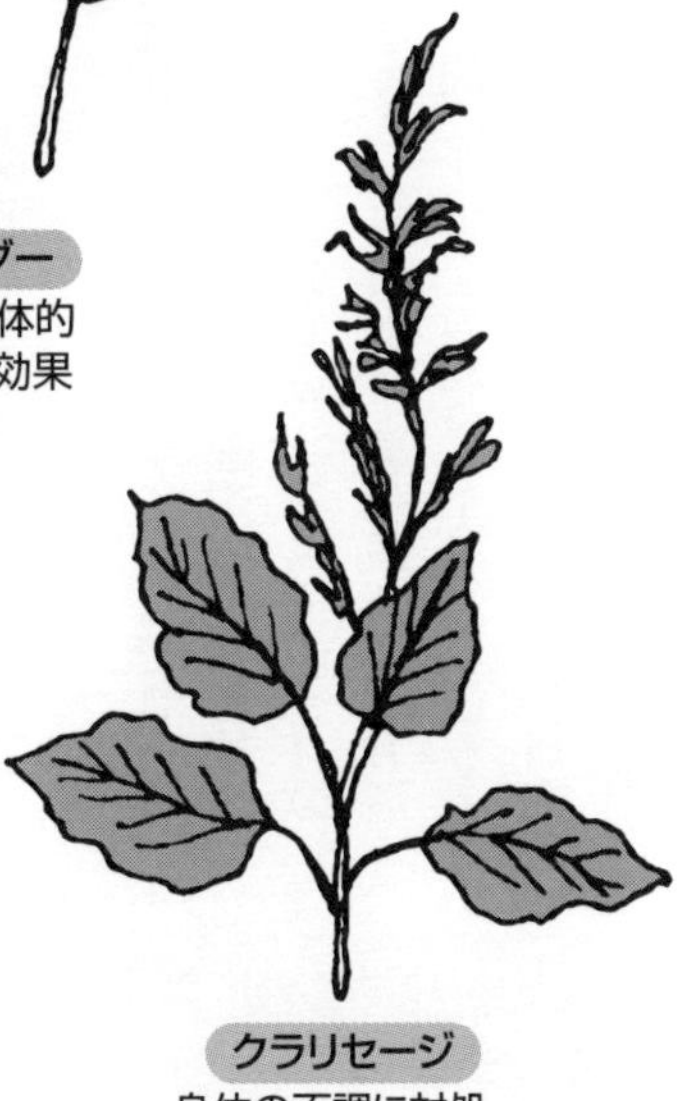

クラリセージ
身体の不調に対処

60 美しく装う香り

化粧品と香り

化粧品は、薬機法（医薬品、医療機器等の品質、有効性及び安全性の確保等に関する法律）で定義されており、人に対する作用が緩和なものであることが求められています。化粧品の効能は、肌のキメを整える、皮膚をすこやかに保つなど56項目が認められていますが、香りに関する項目は、フレグランス化粧品に対して「芳香を与える」の1つだけです。

多くの化粧品に香りが添加されているのは、化粧品の価値を高め、ブランドイメージや消費者へのメッセージを表現するためです。また、化粧品の製造過程において、独特のにおいがする時に香料を添加します。無香性やノンパフュームと表示されているものでも、原料のにおいがしにくくなる香料が添加されている場合があります。

化粧品の賦香率《ふこうりつ》は、化粧水やクリーム類など基剤の種類によって異なります。香料は一般に油性で水とは混ざらないため、界面活性剤の力を借りることで均一に分散させます。乳液やクリーム類などの乳化物は、基本的には水の中に油が分散しているオイル・イン・ウォーター（o／w型）または、油の中に水が分散しているウォーター・イン・オイル（w／o型）です。界面活性剤は、親水性と親油性の釣合（HLB値）の値で使い分けます。HLB値が低い方がw／o型乳化に適しており、o／w型乳化には数値が高い方が適しています。

同じ香料を使用しても化粧水とクリームでは、香りの印象が異なります。これは、基剤中の乳化状態が異なるためです。o／w型とw／o型の違いだけの単純なものではなく、近年では、乳化膜を何層も形成し、膜と膜の間に化粧品の成分を入れるというような技術も登場してきました。乳化は、化粧品研究の中心であり、化粧品会社の技術の結晶とも言え、化粧品に香料を添加するには、乳化は必須ということなのです。

要点BOX
- ●化粧品の香りは香水だけではない
- ●化粧品の効能56項目のうち香りの効能は1つ
- ●化粧品の基剤によって異なる賦香率

薬機法(医薬品、医療機器等の品質、有効性及び安全性の確保等に関する法律)

- 化粧品とは、人の身体を清潔に、美化し、魅力を増し、容貌を変え、または皮膚、もしくは毛髪を健やかに保つために、身体に塗擦、散布、その他これらに類似する方法で使用されることが目的とされているものであり、人体に対する作用が緩和なもの。
- 医薬部外品とは次に掲げるものであって、人体に対する作用が緩和なもの。
  イ.吐き気、その他の不快感又は口臭、もしくは体臭の防止
  ロ.あせも、ただれ等の防止
  ハ.脱毛の防止、育毛又は除毛

賦香率

種類	%
化粧水	0.001～0.050
クリーム類	0.05～0.20
ファンデーション	0.05～0.50
口紅	0.03～0.30
アイメイク	0.01～0.10
シャンプー・リンス	0.20～0.60
石けん	1.00～1.50

乳化物の種類

界面活性剤

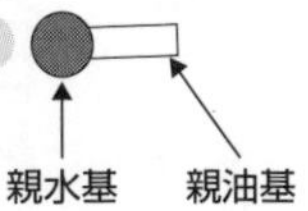

W/O型：(Water in Oil)
油の中に水が分散

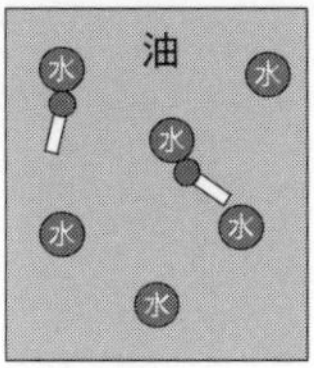

O/W型：(Oil in Water)
水の中に油が分散

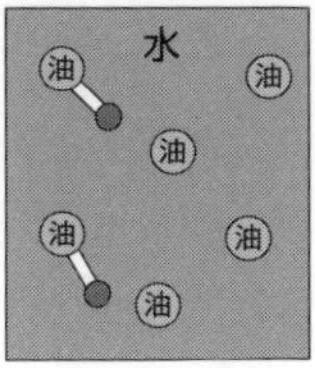

水に対する界面活性剤の挙動

(親水性と親油性の釣合：Hydrophilic Lipophilic Balance)

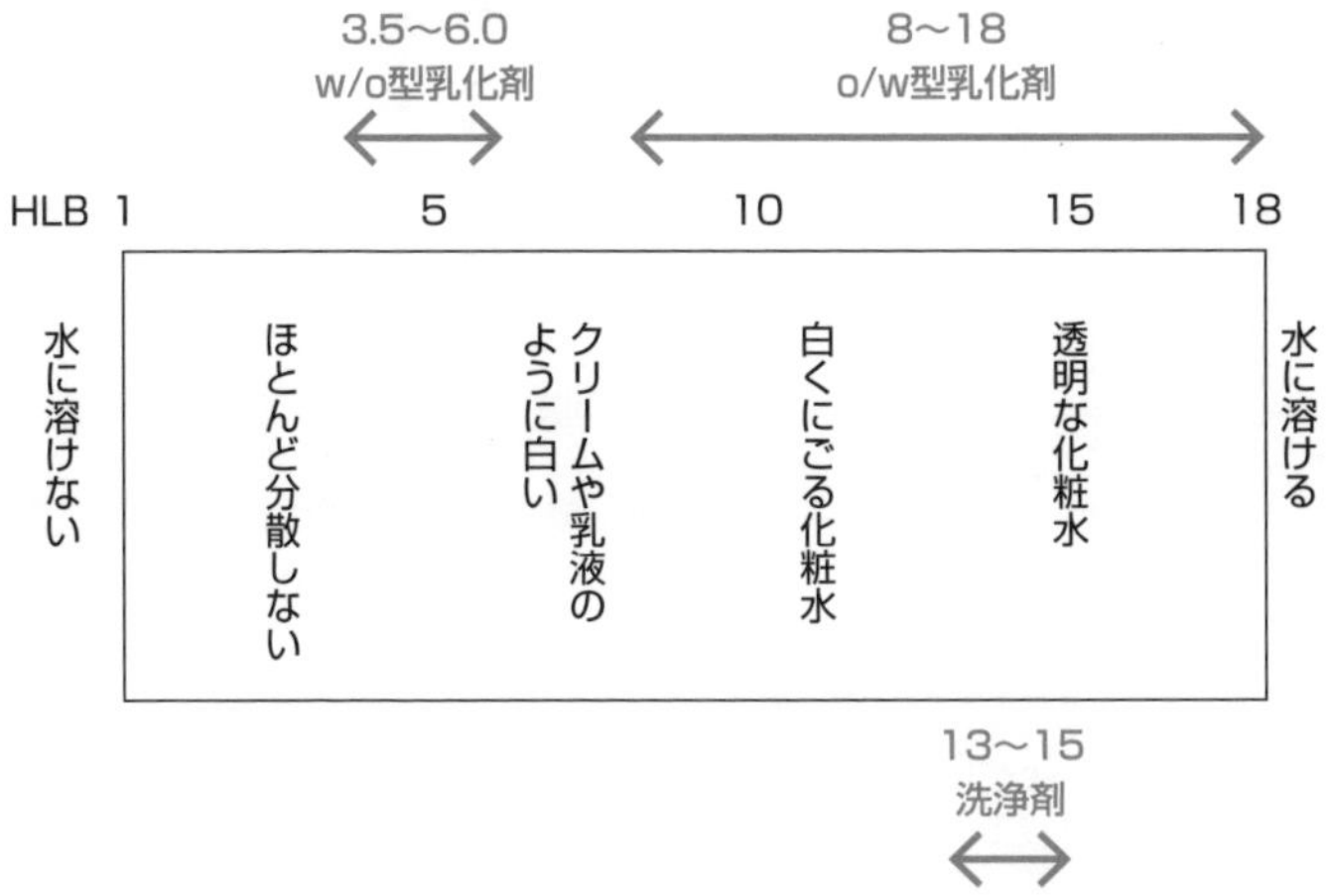

61 身だしなみとしての香り

デオドラント、制汗剤

生活の中で、汗をかくことや汗のにおいが不快に感じられることがあります。汗は、身体表面のほぼ全体に分布している「エクリン腺」と、腋などの特定の部位に分布する「アポクリン腺」から分泌されます。皮膚の老廃物や皮脂とともに皮膚常在菌に分解されることで、不快なにおい（体臭）が発生します。体臭を抑えるためには、まず汗をこまめに拭き取ること、雑菌の繁殖を抑えるケアをすること、汗の量を抑えることが大切です。

体臭を防いで身だしなみを整えるケア商品には、制汗剤やデオドラント用品などがあります。制汗剤は、毛穴を一時的に引き締める収斂効果がある成分により汗の量を抑えるものです。一方、デオドラント用品は、菌の繁殖を抑える殺菌成分や発生したにおい物質を消臭する成分により体臭を抑えるものです。

これらの商品を活用して体臭を防ぐには、汗をかく前と汗をかいた後の場面で、効果的に使うことが大切です。まず、身体をきれいに洗浄した後に、汗をかきやすい腋や胸、背中などを中心に、制汗剤やデオドラント用品を付けておきます。特に汗をかきやすい腋は、ロールオン、スティック、クリームなどで、むらなくしっかりとケアすることが大切です。胸、背中などの広範囲な部分には、スプレー剤が手軽に使えて便利です。汗をかいたら、シートタイプのデオドラント用品を使って汗を拭き取り、スプレー剤などの手軽なデオドラント用品を用いることで、噴射による爽快感も得られます。

制汗剤やデオドラント用品には香り付きのものもあるため、香りの好みや使用するシーンに合わせて選ぶことができます。香水やコロンと比較すると、香りが弱く、体臭ケアをしながらほのかな香りを楽しむことができます。体臭ケアに、複数の商品を使用する場合には、香りが混ざらないように、無香性のものを上手に組み合わせて使用すると良いでしょう。

要点BOX
- ●気になるにおいの解消
- ●身だしなみとして香りを楽しむ

汗の分泌

腋

アポクリン腺

身体表面

エクリン腺

体臭のケア商品

制汗剤

毛穴を一時的に引き締め、汗の量を抑える

デオドラント用品

菌の繁殖を抑える殺菌成分や、発生したにおいを消臭する成分で体臭を抑える

※最近では両方の働きをもつ商品が多い

スプレー、ロールオン、クリーム、シートなどの様々な形状のものがあり、用途によって使い分けられる。

体臭対策

皮膚の老廃物 ＋ 皮脂 ＋ 皮膚の常在菌

↓

体臭

対策

- 汗の量を抑える
- 雑菌の繁殖を抑えるケアをする
- こまめに汗を拭き取る

62 多様化、細分化が進む製品の香り

石鹸・ボディソープ、シャンプーとコンディショナー

身体を洗浄して清潔を保つことは、皮膚のバリア機能を高め、感染や疾病を防ぐとともに、爽快感を得られるなど心理面にも良い影響をもたらします。洗浄剤で最も歴史的に古いものは石鹸で、紀元前2～3世紀から20世紀後半に至るまで、日常生活におけるほとんどの洗浄行為に使われていました。時代とともに身体の部位ごとに洗浄剤が開発され、身体はボディソープ、顔は洗顔料、髪の毛はシャンプーのように、洗浄剤として発展を遂げています。

洗浄剤の香りは、爽やかさや清潔感、やさしさや安心感を与える機能を持っています。石鹸は、動植物性油脂や硬化油を水酸化ナトリウムなどのアルカリでケン化し、塩析して得られる界面活性剤です。主に固形の石鹸基剤は、香りのバリエーションには限界がありますが、香りの印象として、「石鹸の香り」は、爽やかさや清潔感のある香りの代名詞になっています。

一方で、ボディソープは主に脂肪酸塩をベースにしたものや肌に低刺激な活性剤を利用したものなどがあり、補助活性剤や添加成分なども加えられ、組成もバラエティに富んでいます。香りの種類が多く、家族全員を対象としたものからある個人を対象としたものまで多様化が進んでいます。

シャンプーも組成がバラエティに富んでおり、香りの種類が非常に豊富で、香りには、より複雑な要素を含んでいます。頭髪化粧品としてのコスメティックな上品さや華やかさ、髪をいたわるようなマイルドさやナチュラル感、心地よい香りがほのかに髪に残るような香りの設計が必要です。シャンプーとペアで使用されるコンディショナーの香りは、シャンプーの香りを踏襲しつつ、心地よい香りがより長く髪に残るよう残香性が求められます。

洗浄剤は、多様化する生活者に向けてニーズに対応した性能や香りが開発され、商品の多様化や細分化が進んでいます。

要点BOX
- 身体の部位ごとに機能や香りがバラエティに富んだ洗浄剤
- 「石鹸の香り」は、爽やかさ、清潔感の代名詞

石鹸とボディソープ

石鹸

- 固形でアルカリ性のため、使用できる香料成分に制限あり

ボディソープ

- 肌に低刺激な活性剤を利用している
- ベースが脂肪酸塩などであり、幅広い香りバリエーションが可能

頭髪化粧品の香りの特徴

シャンプー

- 上品さや華やかさのある香り
- 髪をいたわるようなマイルドさやナチュラル感のある香り
- ほのかに香りが髪に残るよう設計

コンディショナー

- シャンプーの香りを踏襲
- 心地よい香りがより長く髪に残るよう設計

63 香りで温泉気分を味わう

浴用剤

日常生活の中で、肩こりや目の疲れ、冷え症などの肉体的な疲労を感じることや、ストレスや不安などの精神的な疲労を感じることがあります。一日の疲れを癒す方法は種々ありますが、入浴もその1つです。入浴時の浴槽に浴用剤（入浴剤とも言う）を入れると、より一層癒された気分になるかもしれません。

医薬部外品（60項）に分類される浴用剤の効能効果は、あせも、湿疹、ひび、あかぎれなどの肌荒れ症状、肩こりや腰痛、神経痛などの痛み症状、疲労回復、冷え症などに有効とされています。これらの効能効果は、承認されている浴用剤の有効成分が、浴槽の湯に溶けてお湯の温浴効果や清浄効果を高めることにより、諸症状を緩和するとして認められています。

市販の浴用剤は、粉体、錠剤、液体、粒状などに分類できます。粉体のものは、硫酸ナトリウム（Na_2SO_4）、炭酸水素ナトリウム（$NaHCO_3$）が主成分です。錠剤は、炭酸塩と有機酸を主成分としており、お風呂に入れると反応し、炭酸ガスを発生します。液体は、オイルを主体としており、お湯に入れると、乳化・白濁し、主にスキンケアコンセプトの浴用剤です。粒状のものは錠剤と同様、炭酸塩と有機酸を組合せたもので、温泉成分を配合して粒状に加工した浴用剤などがあります。

浴用剤の使用理由は、「温浴効果」「疲労回復効果」「良い香り」が上位にあげられ、香りへの期待も大きいものがあります。香りの種類は、剤型との適合性によって異なります。スキンケアタイプの浴用剤の香りは、フローラル調を中心としてフルーティー、グリーン、シトラスなどをアクセントとした化粧品の香りに用いられるようなやさしい香りになっています。温泉タイプの浴用剤の香りは、温泉地の情景や特産物の香りを付けた各温泉地特有の香りのものが多くみられます。

要点BOX

- ●浴用剤の主な剤型は粉体、錠剤、液体、粒状
- ●使用理由は温浴効果、疲労回復効果、香り
- ●主な香りは花の香り、ハーブの香り、柑橘の香り

浴用剤の香り

一般的な浴用剤の香りの特徴

- ゆずや森林の香り
- ローズ、さくら、ラベンダー、ジャスミンなどの花の香り
- ハーブの香り
- 柑橘の香り

スキンケアタイプの香りの特徴

フローラル調が中心

温泉タイプの香りの特徴

温泉の情景や特産物など、各温泉地特有の香り

64 洗濯物の香り

洗剤、柔軟剤

きれいに洗濯した衣類を着る時に、心地よい香りで清潔感を感じることがあります。近年、衣料用洗剤や柔軟剤には様々な香りのものがあり、香りが購買意欲を高める一要因にもなっています。世界的にみると、日本人は香水を使用する習慣が少なく、石鹸のように身体を洗うものの香りが、さりげなく清潔に感じられ、好まれています。

日本の衣類用洗剤を剤型別にみると液体が約85%、粉末が約15%で、近年は高濃度液体への移行が進んでいます。洗濯習慣は、「汚れたら洗う」から「着たら洗う」に変化し、主婦の半数以上が洗濯物の汚れ落ちを見た目だけでなく、におい残りで判断しているという実態があります。「におい汚れを落とすこと」が「高洗浄力（汚れが取り切れているという実感）」に結び付けられています。さらに香りを付加することは、清潔になっているという証として重要な役割を担うようになってきています。洗い上がりの衣類に爽やかさやフレッシュ感を特徴とした清潔感のある香りを効果的に付与することが重要なのです。

近年の柔軟剤は、主な機能である柔らかさや静電気防止性能の付与以外に、香りのバリエーションや持続性を高めたもの、防臭機能を有するものなどが市販されています。特に、積極的に香りを楽しむために柔軟剤を使用する機会が増えています。

生活者意識調査では、「自分から良い香りを漂わせたい時に使用するアイテム」について香水やコロンを抑え、柔軟剤が最も多くなっています。柔軟剤は単なる衣類の仕上げ剤に留まらず、香り付けとして自分らしさの表現ツールになったと言えるでしょう。

清潔好きで自然な香りを好む日本人にとっては、洗濯した衣類の香りは、身だしなみの1つになってきていますが、香りの過剰な付与による不快感が問題（香害《こうがい》）になることがあり、香りの使い過ぎには注意が必要です。

要点BOX
- ●石鹸の香りは清潔になった証し
- ●柔軟剤の香りは自分らしさの表現ツール
- ●香りの使い過ぎには注意

柔軟剤の役割

- 柔らかさを与える
- 静電気防止
- 防臭
- 香りを楽しむ

きれいに洗えたかどうかをにおいで判断することが増えている

65 空間に広がる香り

芳香剤

家にいる時は気付きにくいのですが、帰宅した時や自宅以外の家に訪問した時など、独特のにおいを感じることがあります。家の中で発生するにおいは居住者の生活スタイル、食生活、香りの好みなどによっても異なり、閉め切った状態では、家の中ににおいが滞留し、内装材や家具などににおいが染み付き、その家のにおいになります。

においで対策として、換気により屋外の空気と入れ替えたり、脱臭剤、消臭剤などを用いたりしても、完全に無臭にするのは難しい場合があります。そのため、心地よい香りを適度に用いて室内のにおい対策を実施することが増えてきています。

空間に芳香を付与するものを芳香剤と言い、多種多様なものがあります。主に液体や固形、ゲル状の置き型タイプのもの、トリガースプレーやエアゾール型の噴霧式のもの、電池やコンセントから電力を使って芳香成分を蒸散する電子式のものなどです。また、古くから親しまれているお香タイプなどもあります。最近の商品では、「芳香剤」よりも「芳香消臭剤」のように、消臭と香りの付加の両方の機能を併せ持つものが増えてきています。

時代とともに香りの種類は変化していますが、常に好感度が高く、変わらない香りは、シトラス系とフローラル系です。近年では爽やかさと清潔感を感じさせるせっけん系が定番になってきていますが、基本的にはフローラルブーケ調を基調とした香りです。その他、フルーティー系ミント、ハーブなどのグリーン系、香水をイメージしたフレグランス系など多種多様なアイテムがみられます。

自然な香りが求められる一方で、独特な香りを試して楽しむことも増えてきています。人によって香りの好みが異なりますので、各空間の特徴を考えて、その場に相応しい適切な香りの芳香剤を選ぶことが大切です。

要点BOX
- ●一定の強さで香調を持続させるように設計
- ●各空間の特徴に合わせ相応しい香りを選定

芳香剤の主な香りの種類

●シトラス系
●フローラル系
●ミント・ハーブなどのグリーン系
●フルーティー系
●フレグランス系

芳香剤、芳香消臭剤

●使い終わりまで香りの強度や香調を安定的に持続させるように設計
●より長く香りを持続させるように設計

66 柑橘系の香りのデザイン

シトラスの香りを構成する香料

柑橘類の構造は、横からスライスすると観察できます。フラベドを透かして見えるつぶつぶの部分を油細胞と言い、この中に精油が満たされています。柑橘系の香料には、果皮の油細胞から採取される精油と果汁をボディとして香りを強化した果汁質フレーバーがあります。

柑橘の香りに共通する成分は非常に多くあります。香りの主成分はd-リモネンですが、香りの特徴を決める役割を担っているのは、少量含まれる成分です。オレンジは、シネンサールや、オクタナール（アルデヒドC8）、デカナール（アルデヒドC10）が香りの特徴を表しています。

レモンらしさの成分は、シトラールです。レモンには、2～3％しか含まれませんが、柑橘類ではないレモングラスには75～85％含まれています。シトラールは、ゲラニアール75％とネラール25％の異性体混合物です。

グレープフルーツの香りの特徴は、ヌートカトンという成分です。ベルガモットの香りは、酢酸リナリル（30～50％）、リナロール（20～30％）とd-リモネン（30～40％）で、成分の構成がラベンダーと似ていますが、柑橘らしい香りがします。ライムは、圧搾法（22項）で得られた果皮油と水蒸気蒸留で得られたライムオイルの2種類があり、約90％が水蒸気蒸留のライムオイルです。ユズの香りの特徴成分は、クミンアルコールやチモールであり、なかでもメチルデカナールは、フレッシュなグリーン感と苦味がありユズを思わせる風味と言われています。温州みかんの特徴成分は、デカナールと言われています。スダチとカボスの特徴成分は、オクタナール、ノナナール、デカナール、ドデカナールが共通しています。

常に人気の高い柑橘系の香りですが、柑橘系の香りを構成する成分や精油は多種あります。こうした香料を使うことで個性豊かな柑橘系の香りを創り出すことができるのです。

要点BOX
- ●d-リモネンだけが柑橘の香りではない
- ●種類が豊富なシトラス香料
- ●柑橘類の果皮と果肉で香りが違う

柑橘類の構造

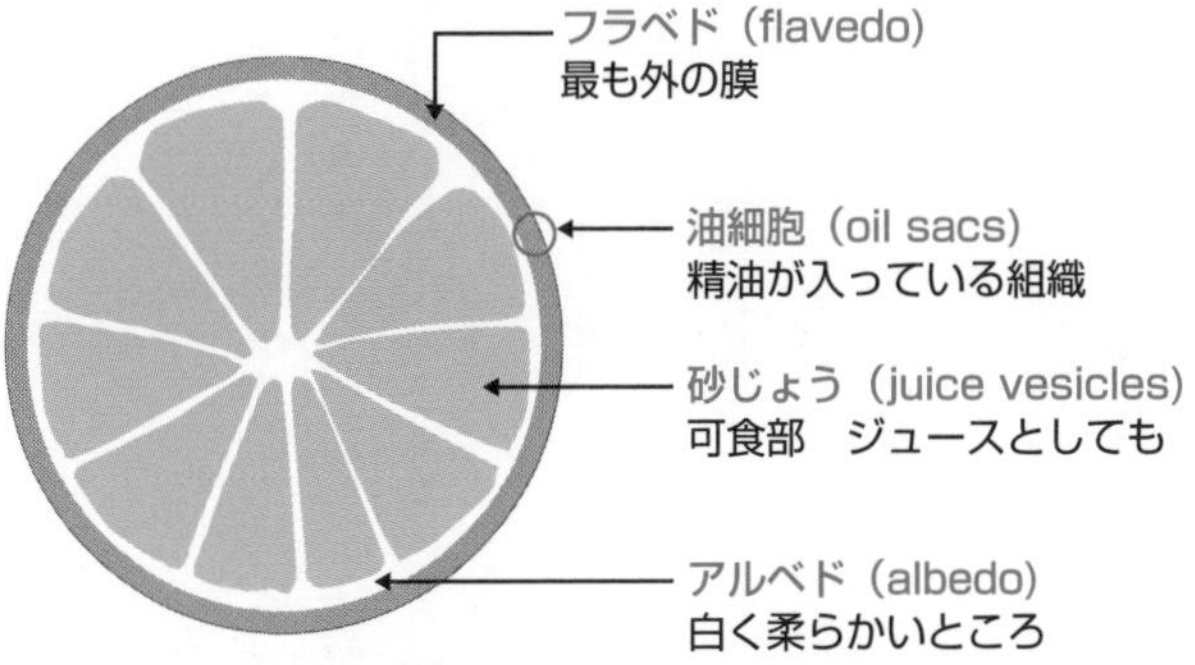

柑橘精油に含まれる成分

炭化水素類

- カリオフィレン
- d-リモネン
- ミルセン
- α-ピネン
- β-ピネン
- サビネン
- α-テルピネン
- γ-テルピネン　など

アルデヒド

- シトラール
（ゲラニアール、ネラール）
- シトロネラール
- デカナール
- α-シネンサール
- β-シネンサール
- オクタナール
- ノナナール
- メチルデカナール
- ドデカナール　など

アルコール類

- シトロネロール
- ゲラニオール
- リナロール
- ネロール
- オクタノール
- α-テルピネオール
- テルピネン-4-オール
- チモール
- クミンアルコール　など

ケトン類

- ヌートカトン　など

エステル類

- シトロネリルアセテート
- デシルアセテート
- ゲラニルアセテート
- リナリルアセテート
- ネリルアセテート
- オクチルアセテート　など

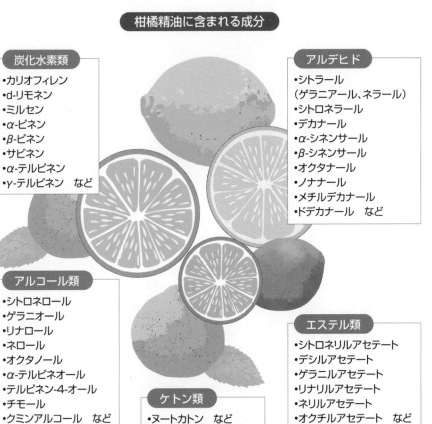

67 三大フローラル

バラ、ジャスミン、ミュゲの香り

香料の三大フローラルというとバラ、ジャスミン、ミュゲの香りです。バラやジャスミンの香りは思い浮かべやすいと思いますが、ミュゲ（フランス語でスズランの意味）の香りは日本人にとってはあまり馴染みがないかもしれません。

バラの香りがイメージできるのは、毎年5月頃に各地のバラ園からの開花情報を広告などで目にすることがあり、身近に感じられるからかもしれません。しかし、バラには多くの品種があり、香りがしないものもあります。香料として使用されるのは一部の品種でローズ・センチフォリアとローズ・ダマセナです。ローズ・センチフォリアから溶剤抽出により、ローズアブソリュート、ローズ・ダマセナから水蒸気蒸留によりローズオットーとローズウォーターが得られます（22、23項）。これらの香りは香料メーカーにより研究され、ワルディアなどの様々なローズベース（68項）が創られています。

ジャスミンの香りは、白い可憐な花であることからチュベローズやミュゲとともにホワイトフローラルの代表として知られています。バラが花の女王ならジャスミンは花の王であると言われるほど、古代から世界中の人々に愛される香りです。香りの処方例は、ベンジルアセテートとヘキシルシンナミックアルデヒドを中心にオレンジフラワー、スパイシーなどの香調が融合しています。

ミュゲは、バラとジャスミンと同様に多くのフローラルベースの素にもなる香りです。咲いているミュゲの花から抽出・蒸留などによって得られた精油は、生花の香りを再現することが困難であり、精油よりも調合ベースの方が調香する際の効果が高いことから、精油は商業化されていないようです。ミュゲベースの処方例では、ヒドロキシシトロネラール、フェニルエチルアルコール、ヘキシルシンナミックアルデヒドが大部分を占め、バラの要素とジャスミンの要素がうまく融合した香りと言えます。

要点BOX
- ●世界中で愛される三大フローラル
- ●香りで花の女王はバラ、花の王はジャスミン
- ●日本人に馴染みのないミュゲはスズランの香り

ジャスミンの香りの構成

ジャスミンアブソリュートの素材	割合	特徴
ベンジルアセテート	360	ジャスミンの主成分
ヘキシルシンナミックアルデヒド	180	ジャスミンの主成分
インドール 10%	150	ジャスミン様
リナロール	35	フローラル
ジメチルアンスラニレート	10	オレンジフラワー
アルデヒドC-14 ピーチ 10%	35	フルーティ
パラクレゾール 10%	15	ジャスミン様
イランイラン	25	フローラル
オイゲノール 10%	35	スパイシー
ベンゾイン 50%	30	バルサミック
マルトール 1%	20	甘いカラメル様
シス-3-ヘキサノール	9	グリーン
ベンジルアルコール	20	フローラル
酢酸リナリル	25	フローラル
ベンジルイソブチレート 10%	10	ジャスミン様
シスジャスモン 10%	10	ジャスミン様
溶剤	31	無臭
合計	1000	

ミュゲの香りの構成

ミュゲベースの素材	割合	特徴
ヒドロキシシトロネラール	430	ミュゲの主成分
フェニルエチルアルコール	150	ローズの主成分
ヘキシルシンナミックアルデヒド	180	ジャスミンの主成分
ロジノール	90	フローラル
シトロネロール	20	ローズの主成分
ゲラニオール	10	ローズの主成分
ベンジルアセテート	10	ジャスミンの主成分
インドレン	10	ジャスミン様
シクラメンアルデヒド	4	ミュゲ様
フェニルエチルイソブチレート 10%	15	フローラル
リナロール	20	フローラル
インドール 10%	10	ジャスミン様
フェニルアセトアルデヒド グリセリルアセタール	50	ヒヤシンス様
シトラール	1	シトラス
合計	1000	

68 世界で愛されるバラの香り

バラの香りは、その香りの特徴からダマスク・クラッシック、ダマスク・モダン、ティー、ミルラ、フルーティー、ブルー、スパイシーの7つに分類されます。1万種以上のバラが園芸家に知られ、多くの種類のバラが栽培されています。

香料用に使用されているのは、主にローズ・ダマセナ（Rosa damascena）、ローズ・センチフォリア（Rosa centifolia）の2種類です（67項）。ローズ・ダマセナは、Rosa gallicaとRosa phoeniciaの交雑原種で起源はトルコ西部、エーゲ海を臨む地で自然交雑したと言われています。現在のシリアの首都ダマスカスからヨーロッパに持ち込まれたことから、ダマスクローズと名付けられました。ダマスクローズから水蒸気蒸留法で得られるローズオットーは、トルコ語で「水」、ペルシャ語では「甘く香る」という意味もあるそうです。ローズオットーは、シトロネロールやゲラニオールが主成分で、華やかで新鮮で軽く柔らかな香りがします。色は、薄い黄色で時々緑色を帯びていますが、温度が21℃以下になると白く濁り、半透明の固体になります。

ローズ・センチフォリアは、南フランスのグラース周辺に多く見られる品種であり、オランダの育種家により多数の複雑な交配によって成立したと言われています。主に南フランスとモロッコで栽培されています。花弁の多くがキャベツのような形から「キャベッジローズ」とも呼ばれています。すべての花の精油の中で最も広く用いられるのがローズ・センチフォリアのアブソリュート（23項）です。

ローズアブソリュートは、フェニルエチルアルコールが主成分であり、濃厚な甘い香りで保留性があります。色は黄色から濃いオレンジ色です。ローズオットーとローズアブソリュートに含まれるダマセノンは、フレグランスに素晴らしい価値を与えました。

バラの香りは有用性が高いにも関わらず高価なため、香料メーカーが多くの調合ベースを開発しています。

要点BOX
- ●香料用のローズはローズ・ダマセナとローズ・センチフォリア
- ●アブソリュートとオットーは成分バランスが違う

バラの香りの分類

ローズの種類	香りの表現	品種
ダマスク・クラッシック	強い甘さと華やかな香り	芳純
ダマスク・モダン	情熱的で洗練された香り	パパ・メイアン
ティー	上品で優雅な紅茶のような香り	レディ・ヒリンドン
ミルラ	アニス様の香り	セントセシリア
フルーティー	ダマスク系にフルーツの香り	ダブル・ディライト
ブルー	モダンやティーにさらにレモン様の香り	ブルームーン
スパイシー	ダマスク・クラッシックとクローブの香り	ハマナシ

構成する香料の違い

ローズオットータイプの素材	割合
フェニルエチルアルコール	100
ゲラニオール	350
シトロネロール	200
ネロール	100
オイゲノール	40
フェニルエチルアセテート	20
グアイアックウッドオイル	40
シトロネリルイソブチレート	20
ローズオキサイド 10%	15
ダマセノン 10%	20
アルデヒドC-9	2
アルデヒドC-10	3
メチルフェニルアセテート	5
ビーワックスアブソリュート	6
カモミールローマンオイル	2
ゼラニウムブルボン	30
ローズフェノン	10
キャロットシードオイル	4
シトラール 10%	10
ロジノール	10
溶剤	13
合計	1000

バラの香りの主成分、バランスが大きく異なる

アブソリュートタイプの素材	割合
フェニルエチルアルコール	400
ゲラニオール	130
シトロネロール	200
ネロール	15
オイゲノール	15
グアイアックウッドオイル	5
ビーワックスアブソリュート	30
アルデヒーC-9 10%	5
フェニルエチルアセテート	5
シトロネリルイソブチレート	10
ダマセノン 1%	30
ゼラニウムブルボン	5
ローズオキサイド 10%	20
ロジノール	20
溶剤	110
合計	1000

ローズベース
- 天然香料再構成タイプ（ローズオットー、アブソリュート）
- ファンシータイプ（自然界に存在せず、イメージとして創造）（ワルディア、ダマセニア）

市場にあるローズベースを大別するとローズオットーやアブソリュートを再現した「天然香料再構成タイプ」と自然界には存在しませんがイメージとして創り出された「ファンシータイプ」があります。ファンシータイプには、ワルディアやダマセニアなどがあります。

Column

多様なにおい・かおり問題に対応する専門家 ―資格―

屋外のにおい問題については、かつて苦情が多かった工場・事業場等からの悪臭に対する対策が取られ、一定の改善が見られています。しかし、飲食店などのサービス業からのにおい、近隣の住宅からのにおい、居住環境、労働環境としての室内のにおい、香りの使い方に関する問題など、においの問題は多様化してきています。

におい環境分野には、臭気判定士という国家資格があります。1996年4月1日に施行された悪臭防止法の改定で、生活環境の複合臭に対応できる規制が取り入れられ、機器分析だけではなく、人の嗅覚を用いる嗅覚測定法（三点比較式臭袋法）が取り入れられました。人の嗅覚による測定だけに個人差の扱い方など、より慎重な対応が必要であり、精度の高い測定、評価を行うためには、においの試料の採取をはじめとして測定までの採取試料の管理、においを判定する人の選定、測定データの取り扱いなど、管理すべき内容が多々あります。このような背景から、においの測定を管理・統括する責任者の資格として、におい環境分野で初めての国家資格、臭気判定士が誕生したのです。

臭気判定士は、あくまでも三点比較式臭袋法による臭気指数測定を行うための測定業務の資格で、におい問題を解決するための助言などを行う資格ではありません。しかし、臭気判定士は、嗅覚の特性、悪臭防止法、においの測定法、におい対策などを出題範囲とする試験に合格しており、におい対策や香りの使用法に関する知見を有する専門家もいます。においの問題が多様化している現在、臭気判定士の専門知識と現場での経験は課題解決に大変有用です。

そこで、公益社団法人におい・かおり環境協会は、臭気判定士資格を持ち、多様なにおい・かおり問題に対応する専門家として、自由で広範囲な活動が行える者を認定・登録する「におい・かおり環境アドバイザー」制度を創設しました。

「におい・かおり環境アドバイザー」は、臭気判定士としてのにおい測定の知識を基に、におい・かおりに関する専門的な知識と経験を活かし、良好なにおい・かおり環境の保全と創造のために活躍が期待される資格なのです。

【参考文献】
・「香料史概略と幾つかの逸話」本間延実、におい・かおり環境学会誌、36(4)、180-186(2005)
・「山田憲太郎の世界(その著書を通じてみた食品香料)」渡辺正、相愛女子大学相愛女子短期大学研究論集、26、113-120(1978)
・「香辛料の歴史・文化的役割について」高橋和良、におい・かおり環境学会誌、45(2)、100-107(2014)
・久保田喜久枝、森光康次郎：新スタンダード栄養・食物シリーズ　食品学　食品成分と機能性(第2版)、東京化学同人(2014)
・James. A. T and Martin A. J. P.: Biochem. J.,50. 679 (1952)
・野田信三：やさしくわかる「かおり」のしくみ、食品研究社(2010)
・「香り成分のヒアルロン酸産生促進効果」吉田浩之、駒木亮一、フレグランスジャーナル社、32(8)、36-40(2004)
・「香りの分析と香りの効能効果について」櫻井和俊、日本食生活学会誌、21(3)、179-184(2010)
・「花の香りとその機能」駒木亮一、農林水産技術研究ジャーナル、3(6)、25-29(2010)
・「各種精油の脂肪細胞に与える影響について」坂井圭子、森山未央、合津陽子、士師信一郎、日本薬学会第124年回要旨集2、162(2004)
・「香り成分の新たな機能性―ラズベリーケトンの脂質代謝への影響について」佐藤友里恵、日本食品機械研究会誌／日本食品機械研究会［編］2(3)、141-146(2004)
・「Positive/Negative Allosteric Modulation Switching in an Umami Taste Receptor (T1R1/T1R3) by a Natural Flavor Compound, Methional」Y. Toda, T. Nakagita, T. Hiroskawa, Y. Yamashita, A. Nakajima, M. Narukawa, Y. Ishimaru, R. Uchida and T. Misaka、Sci.Rep.、8、11796(2018)
・「〝みどりの香り〟の研究―その神秘性にせまる」畑中顕和、におい・かおり環境学会誌、38(6)、415-427(2007)
・「森林の癒し効果を担う森林の香り」大平辰朗、におい・かおり環境学会誌、41(3)、188-196(2010)
・「森林セラピーの生理的リラックス効果―4箇所でのフィールド実験の結果―」李　宙営、朴　範鎮、恒次祐子、香川隆英、宮崎良文、日本衛生学会誌、66(4)、663-669(2011)
・中村祥二：香りの世界を探る、朝日新聞社(1990)
・「香粧品香料―その現状と将来の展望」広山均、油化学、41(9)、976-980(1992)
・中島基貴：香料と調香の基礎知識(第7版)、産業図書(2015)
・「搾油方法の異なるレモン油の分析と飲料への利用」沢田正徳、山田哲也、日本食品科学工学会誌、44(3)、243-247(1997)
・「ファブリックケア製品における香りの変遷」田中結子、におい・かおり環境学会誌、46(6)、374-381(2015)
・荒井綜一、小林彰夫、矢島泉、川崎通昭：最新　香料の事典(普及版)、朝倉書店(2013)
・「精油中のフロクマリン類分析」沢田正義、鈴木悟、小原典子、佐藤美夢、東谷望史、アロマテラピー学雑誌、17(1)39-47(2016)
・ロバート・ティスランド、ロドニー・ヤング：精油の安全性ガイド(第2版)、フレグランスジャーナル社(2018)
・マリ・ベネディクト・ゴーティ：フォトグラフィー世界の香水神話になった65の名作、原書房(2013)
・ロジャ・ダブ：フォトグラフィー香水の歴史、原書房(2016)
・加藤寛之、渡辺久夫：食品の匂いと異臭、幸書房(2011)
・「三点比較式臭袋法による臭気物質の閾値測定結果」永田好男、竹内教文、日本環境衛生センター所報、17、77-89(1990)
・三上杏平：カラーグラフで読む精油の機能と効用、フレグランスジャーナル社(2008)
・「果実の香気分析GCにおいかぎ分析と官能評価」時友裕紀子、化学と生物、55(11)、743-749(2017)
・「青葉アルコールをめぐって(1)」畑中顕和、化学と生物、14(12)、788-793(1976)
・「Identification of (Z)-3:(E)-2-hexenal isomerases essential to the production of the leaf aldehyde in plants」Mikiko Kunishima, Yasuo Yamauchi, Masaharu Mizutani, Masaki Kuse, Hirosato Takikawa, Yukihiro Sugimoto、The Journal of Biological Chemistry(2016)
・「香辛野菜のフレーバー形成1)ネギ属植物の「におい」形成とその生理的意義」川岸舜朗、化学と生物、31(11)、741-745(1993)
・「メイラード反応生成香気成分が有する新たな可能性への挑戦　食品メイラード反応の最新の香り研究」大畑素子、横山壱成、有原圭三、化学と生物、57(12)772-727(2019)
・丸山賢次(監修)：次世代香粧品の「香り」開発と応用、シーエムシー出版(2011)

た

な

は

ま

や

ら

索引

●編著者略歴
光田　恵（みつだ　めぐみ）
大同大学かおりデザイン専攻教授。公益社団法人におい・かおり環境協会理事、人間－生活環境系学会副会長。
岡山県生まれ。奈良女子大学大学院博士課程修了・博士（学術）の学位取得後、名古屋工業大学大学院講師、大同工業大学（現、大同大学）建設工学科講師、建築学科准教授を経て、2010年から現職。
〈受賞〉臭気対策研究協会学術賞（1998）、人間－生活環境系会議奨励賞（2000）
〈著書〉「心理と環境デザイン－感覚・知覚の実践－」（共著、技報堂出版、2015）、「きちんと知りたい　においと臭気対策の基礎知識」（共著、日刊工業新聞社、2018）、「日本建築学会環境基準　AIJES-A0003-2019　室内の臭気に関する対策・維持管理規準・同解説」（共著、一般社団法人日本建築学会、2019）、「トコトンやさしい消臭・脱臭の本」（共著、日刊工業新聞社、2021）等

●著者略歴
一ノ瀬　昇（いちのせ　のぼる）
大同大学かおりデザイン専攻客員教授、東京理科大学理学部化学科、非常勤講師。
栃木県生まれ。東京理科大学理学部化学科卒業。1976年ライオン油脂株式会社（現、ライオン株式会社）入社、同社研究開発本部香料技術研究所副主席研究員、2018年より同社研究開発本部戦略統括部を経て2023年に退職。2012年から東京理科大学理学部化学科にて現職。2016年から大同大学かおりデザイン専攻にて現職。
〈研究開発〉家庭品の香料開発研究、香りの生理心理研究、嗅覚を中心としたクロスモーダル研究、においケア研究など
〈著書〉「次世代香粧品の「香り」開発と応用」（共著、シーエムシー出版、2011）、「新製品開発における高級感・本物感・上質感の付与技術」（共著、技術情報協会、2012）、「トコトンやさしい消臭・脱臭の本」（共著、日刊工業新聞社、2021）等

跡部 昌彦（あとべ　まさひこ）
大同大学かおりデザイン専攻 客員教授。公益社団法人日本技術士会登録グループ食品技術士センター副会長。
愛知県生まれ。1979年名古屋大学農学部食品工業化学科卒業後、ポッカレモン株式会社（現在のポッカサッポロフード&ビバレッジ株式会社）に入社、2009年より2015年まで味の科学研究所の所長。2016年定年退職後に、技術士（農業部門、総合技術監理部門）として跡部技術士事務所を開業し、食品開発コンサルタントとして活動。
〈研究開発〉食品の商品開発（清涼飲料水、粉末・乾燥食品、レトルト食品、健康食品等）、食品素材開発、食品加工技術研究、食品健康機能研究、味・香り、おいしさの評価研究等
〈著書〉「官能評価活用ノウハウ・感覚の定量化・数値化手法」（共著、技術情報協会、2014）等

長谷 博子（はせ　ひろこ）
大同大学かおりデザイン専攻非常勤講師、名古屋文化短期大学服飾美容専攻非常勤講師。公益社団法人におい・かおり環境学会学会委員。

岐阜県生まれ。椙山女学園大学院博士後期課程満期退学後、博士（人間生活科学）の学位取得。中京大学情報理工学部助手を経て、2012年より株式会社シャロームに入社。同社にて大学との共同研究、香料の研究に従事。現在、花と香りの研究所の代表として、香りセミナー講師、ナード・アロマテラピー協会の会報誌連載（においと香りと生活環境）などを担当。

〈論文・学会発表〉「香りに対する色の調和・不調和が快適感に及ぼす影響」（共著、金城学院大学消費生活科学研究所紀要、2022）、「好みの香りがVDT作業に及ぼす影響」（共同発表、日本家政学会大会、2020）等

今日からモノ知りシリーズ
トコトンやさしい
香料の本

NDC 576.6

2023年9月29日　初版1刷発行

©編著者　光田　恵
著者　一ノ瀬　昇
　　　跡部 昌彦
　　　長谷 博子
発行者　井水 治博
発行所　日刊工業新聞社
東京都中央区日本橋小網町14-1
（郵便番号103-8548）
電話　編集部　03（5644）7490
　　　販売部　03（5644）7403
FAX　03（5644）7400
振替口座　00190-2-186076
URL　https://pub.nikkan.co.jp
e-mail　info_shuppan@nikkan.tech
印刷・製本　新日本印刷（株）

●DESIGN STAFF
AD──────志岐滋行
表紙イラスト────黒崎　玄
本文イラスト────小島サエキチ
ブック・デザイン ──黒田陽子
　　　　　　　　　角　一葉
　　　　　　　　　（志岐デザイン事務所）

●
落丁・乱丁本はお取り替えいたします。
2023 Printed in Japan
ISBN　978-4-526-08295-5　C3034